夏（なつ）

6月3日
田の用水路に、カルガモの親子がいた。小さなひなたちは、必死に泳いで母ガモのあとをついていった。
かわいいなあ。

8月3日
川岸の水草の中に、カイツブリの巣をみつけた。小さなひなが数羽いるようだ。親の背中にのって、水上に出てくるのが楽しみだ。

7月10日
夕方、駅前の街路樹で、ギャーギャーさわがしい声がする。ムクドリがたくさん集まって、木の中にいた。スズメの群れも少し混じっていた。

鳥のくらし図鑑
身近な野鳥の 春 夏 秋 冬

絵・文 おおたぐろ まり　　監修 上田恵介

地球には、いろいろな生き物がくらしています。
わたしたち人間は、ごはんを食べ、ねむり、勉強したり、働いたり、
結婚して家庭をもったりと、さまざまなくらしをしています。

自然のなかでくらす生き物は、季節に合わせた生きかたをしています。
鳥たちは、どんなくらしをしているでしょうか？
春夏秋冬、野鳥がなにをしているのか、みてみましょう。

ホオジロ

偕成社

鳥たちの1年

春

鳥たちが、いちばん活発な時期。
冬鳥たちが北国へ帰っていきます。
夏鳥が日本へ、繁殖のために渡ってきます。
あちこちから、鳥たちの歌声がきこえます。
求愛の歌、なわばり宣言の歌。
オスたちは命のかぎり歌います。
ペアになった鳥たちは、巣づくり、抱卵、
子育てと、いそがしい日々がはじまります。

マガモ

シジュウカラ

ホオジロ

夏

ひなは巣立ちをしても、しばらくは、
親から食べ物をもらい、家族で行動します。
そして、生きかたを学んだあと、
ひとり立ちをしていきます。繁殖が終わった鳥たちは、
集まって群れをつくりはじめます。
渡り鳥たちは、早いものは、だんだん渡りを
はじめます。

冬

寒くなりました。
鳥たちは羽毛をふくらませて、寒さから身をまもります。
食べ物も少なくなってきました。
経験の少ない若い鳥が命を落とすことも多い季節です。
暖かくなる日を待って、がんばってくらします。

秋

夏鳥が南へ帰り、冬鳥がやってきます。
山にすむ鳥のなかには、
暖かい地域に移動するものもいます。
そして秋は、実りの季節です。
自然のめぐみをたくさん食べて、寒い冬にそなえます。
小鳥たちの群れがとても大きくなるのも、このころです。

かけあしで鳥たちの1年をみてみましたが、
鳥には種類がたくさんあり、そのくらしもさまざまです。
これから、日本の代表的な野鳥39種それぞれの
春夏秋冬のくらしをくわしく紹介しましょう。

もくじ

この本では、日本の代表的な野鳥39種それぞれの春夏秋冬のくらしを、鳥がみられるおもな環境ごとに紹介します。環境はおおまかに5つに分けています。その鳥がほかの環境でもみられる場合には、そのページのはしの色帯に加えて示しています。

鳥たちの1年	2～3

●庭や公園

スズメ	5
ヒヨドリ	6
ムクドリ	7
ウグイス	8
メジロ	9
シジュウカラ	10～11
エナガ*	10～11
ハクセキレイ	12
ツバメ	13
ジョウビタキ	14
ツグミ	15
キジバト	16～17
ドバト（カワラバト）	16～17
モズ	18
ハシブトガラス	19
鳥たちの繁殖の季節と食べ物	20

●草原

ホオジロ	21
オオヨシキリ	22～23
カッコウ	22～23
キジ	24
鳥たちの「渡り」	25

●山や林

キビタキ	26
アカゲラ	27
オオタカ	28～29
サシバ	28～29
フクロウ	30～31
アオバズク	30～31
ライチョウ	32

●川や沼、湖

カワセミ	33
コサギ	34
カイツブリ	35
マガモ	36～37
カルガモ	36～37
オオハクチョウ	38
タシギ	39
コチドリ	40
ムナグロ	41
カワウ	42
コアジサシ	43
ユリカモメ	44

●海

ハマシギ	45

鳥の観察のコツと注意すること	46
鳥たちのくらしからみえること	47
監修者のことば／この本に出てくる鳥	48

*エナガはおもに山や林でみられる鳥ですが、ページ構成のつごうから、おもに庭や公園でみられるシジュウカラとおなじページで紹介しています。

※鳥はおなじ種でも、地域によっては、季節で移動するなど、複数の環境でくらす鳥も多いので、環境は、だいたいの目安としてください。

※各鳥のページで季節の流れをあらわす太い矢印の色は、ベージュが日本にいることを、水色が外国にいることをあらわしています。

※双眼鏡マークのついたかこみでは、その鳥のよくみられるすがたを紹介しています。

※この本では、おおまかに、春を3～5月、夏を6～8月、秋を9～11月、冬を12～翌年2月としています。

※月の上旬は1日～10日を、中旬は11日～20日を、下旬は21日～月末を示しています。

※この本に出てくる鳥の分布図では、オレンジ色が繁殖地を、むらさき色が越冬地を、緑色が通年で生息する場所をあらわしています。

用語解説

この本に出てくる専門的な用語の意味を、かんたんに解説しています。本文を読むときの助けにしてください。

換羽 鳥の羽毛が生えかわること。

幼鳥 卵からかえり、はじめて換羽するまでのあいだの幼い鳥。ふつうは生まれた年の秋ごろまでの個体。

若鳥 はじめて換羽してから成鳥の羽に換羽するまでのあいだの若い個体。

成鳥 体が成熟して、おとなの羽に換羽した個体。

繁殖期 交尾をして卵を産み、ひなを育てる時期のこと。

非繁殖期 繁殖をしない時期のこと。

夏羽 12～翌年4月ごろに、体の羽がぬけたり、すり切れたりして換羽した羽の状態。多くの鳥の繁殖期の羽。

冬羽 7～10月ごろに換羽した羽のこと。多くの鳥の非繁殖期の羽。

エクリプス羽 繁殖期がすぎたオスの成鳥が、はでな色の羽がぬけて、一時的にメスのようにじみになった羽。

留鳥 一年じゅうおなじ場所にとどまる鳥。

漂鳥 夏は山地、冬は平地というように、季節によって国内の短い距離を移動する鳥。

夏鳥 春に国外からやってきて繁殖し、秋には越冬のために国外に去る鳥。

冬鳥 秋に国外からやってきて越冬し、春には繁殖のために国外に去る鳥。

旅鳥 春と秋の渡りのときに、日本に立ちよる鳥。

さえずり おもに繁殖期にきかれる、なわばり宣言や求愛のための鳥の声。美しく大きい声であることが多い。

一夫多妻 鳥（や動物）のオスが複数のメスと繁殖をすること。

地鳴き さえずり以外の、なかまのよびかわしや連絡のための鳥の声。チッとか、ツーなどの短い声が多い。

抱卵 鳥が卵をふ化させるために、体でだいて温めること。

コロニー 鳥（や動物など）が集団で巣をつくった場所、あるいはその動物の集団自体のこと。

ねぐら 鳥（や動物など）がねむる場所のこと。

なわばり 鳥（や動物など）の個体が、占有的に生活をする場所の範囲のこと。

ホバリング 鳥（や昆虫など）が羽ばたきながら、空中の一か所にとどまること。

スズメ

庭や公園

全国で一年じゅうみられ、
人のいちばん近くでくらす鳥。
農耕地、市街地、住宅地などでみられ、
人のいないところにはいない。
オスとメスの区別は、つきにくい。
雑食で、植物の種子、昆虫、
人間の食べ物などを食べる。
声は、チュン、チュン、ジュジュジュ。
春先には、チューンと
すんだ声で鳴く。

春

2月ごろから、いつもよりきれいな、さえずりのような声で鳴きはじめる。

スズメは水あびだけでなく、砂あびも大好き。公園の砂場などでみることができるかも。

4月〜

屋根や換気口などに、巣をつくる。巣は、大量の枯れ草などを集め、中央にくぼみをつくって卵を産む。

春になると、群れからはなれてペアになる。繁殖期は4〜8月で、条件がよければ年に2〜3回、繁殖する。

卵は4〜8個産み、オスとメスが交代で温める。12日ほどでふ化する。

ひなの食べ物も、オスとメスが協力して運ぶ。

夏

ひなは、ふ化から14日ぐらいで巣立ちをして、10日ぐらいは親から食べ物をもらう。

7月〜

7〜8月、ひながひとり立ちすると、2回目の繁殖に入る。

稲穂のたれるころ、群れで米を食べるすがたをみることができる。

ひとり立ちした若いスズメや繁殖が終わったものなどが群れをつくってすごす。

秋

10月

冬

秋冬、夕方になると、竹やぶや街路樹などにねぐらをつくって夜を明かす。昼間は、ねぐらの近くで食べ物をさがしてすごす。

ねぐらのサイズはいろいろで、数千羽が集まって大きくなることもある。

春になると、またペアで行動をはじめて、繁殖に入る。

スズメの移動

スズメはいつもいるので、一年じゅうおなじところにすんでいるようにみえる。

足環をつけて調査した記録がある。なわばりをもつ成鳥は一年じゅうおなじ場所にすんでいるが、若いスズメは秋になると集団で移動していることがわかった。

実例として、新潟で標識をつけたスズメが100〜400キロはなれた滋賀県、静岡県でつかまっている。しかし、生まれた場所からどれくらいが移動しているかなど、スズメにはわからないことが多く、身近にいるけれど、なぞの多い鳥だ。

庭や公園 / 山や林

ヒヨドリ

日本全国で一年じゅうみられる。
平地や低山地から、高い山にまで生息。
人家近くや林にすみ、市街地でもくらす。
繁殖期以外は、群れで生活することが多い。
雑食で、木の実、花のみつ、野菜の葉、昆虫、カエルなどを食べる。
ピイヨロロ、ピーピーなど、いろいろな鳴きかたをする。

ヒーヨヒーヨと鳴きながら、ウメやサクラのみつを吸いにくる。

春

3月ごろ、群れになって北へ渡るヒヨドリがみられる。

春になると群れからはなれて、ペアになる。繁殖期は5〜9月で長い。

木の枝の股に、おわん状の巣をつくる。巣枝は、こまかい枯れ草や木の繊維、ビニールひもなどを使う。

約12〜14日でひながかえり、オスとメスが協力して食べ物を運ぶ。ふ化後、10日ほどで巣立つ。

5月
卵はだいだい4個産む。温めるのは、メスだけだ。

夏

6月
ひなは巣立ってからも、しばらくは親から食べ物をもらう。

7〜8月
ひながひとり立ちをして、条件がよければ、親は2回目の卵を産んで子育てをする。

秋

10〜11月
10〜11月ごろ、一部のヒヨドリは群れになって南へ移動する。これは全国各地でみることができる。

秋冬になると、木の実を食べて栄養をつける。

このころは、秋に北から移動してきた群れと、もとからくらしているヒヨドリの2種類がいると思われる。もとからいるものは、だいたいペアの2羽でいることが多い。

冬

ヒヨドリの渡り

いつも身近にいるヒヨドリだが、一年じゅうおなじ地域で生活するもの（留鳥）と、秋に南に移動し、春にまたもどってくるもの（漂鳥）がいる。場所によっては、秋に大群で海をこえて、九州地方まで渡っていくものもいる。
いつも庭にくるヒヨドリは、夏と冬で、ちがうヒヨドリかもしれない。

ミカンの実を木にさしておくと食べにくる。くだものが大好きだ。

庭や公園 / 山や林

メス オス

オスとメスは、ほとんどおなじ色で、オスのほうが少し黒っぽく、くちばしとあしのオレンジ色が濃い。顔の白い部分は、個体差がある。

3月
繁殖期は3〜7月。ペアが群れからはなれて巣の場所をさがすようになる。

木のうろ、家の屋根のすきま、戸袋などに巣をつくる。枯れ草、樹皮、羽毛などを巣材につかう。

卵は青い。4〜7個産み、13日間ほど、オスとメスが交代で卵を温める。

繁殖していないムクドリは、小さな群れになってくらしている。

ひなの食べ物も、オスとメスが協力して運ぶ。ひなは、ふ化して23日ほどで巣立つ。条件がよいと、2回目の繁殖をする。

（春）（夏）（秋）（冬）

ムクドリ

日本で一年じゅうみられる。平地や低山地の林や人家、都市にも多くすみ、おもに群れで生活している。全体が茶色系で、くちばしとあしのオレンジ色がめだち、キュルキュル、ギャーギャーといろいろな声で鳴く。雑食性で、昆虫、ミミズ、木の実などを食べる。

繁殖が終わると、家族や近所のムクドリが集まり、群れで行動するようになる。

ムクドリのねぐらの変化

最近では、6月末からつくられるムクドリの「夏ねぐら」に、都市の駅前の街路樹がつかわれることが多くなってきた。いつも人がいることで、天敵からまもられることが理由のようだ。

自然の中につくられたねぐらは、アシ原などの「夏ねぐら」から、竹林などの「冬ねぐら」へと季節で移動するが、街につくられたねぐらは季節で移動せずに、夏冬でおなじ場所を長期にねぐらとしてしまうので、大量に出すふんと、さわがしい声が騒音となって人々をこまらせ、問題になっている。

都市化した野鳥と人との共存のしかたを考える時代になってきている。

11〜翌年3月

秋、ねぐらは最も大きくなる。場所によっては、数千、数万羽となり、大群の飛ぶ光景は圧巻だ。

ねぐらが移動する。「夏ねぐら」にくらべて、群れは小さくなり、雑木林や竹林などに移って「冬ねぐら」をつくる。群れは、数がふえたりへったりしながら、春になると、なくなる。

6月末〜10月、昼間は小規模の群れで食べ物をさがし、夕方になると、群れが集まり、大きな集団となって「夏ねぐら」をつくる。最近は、ねぐらは駅前の街路樹などでみられる。

カキの実を食べるすがたがよくみられる。

庭や公園 / 山や林

4月

早い場所では、2月からオスはさえずりはじめ、春本番になるころには大きな声でさえずり、なわばりを主張する。その後、そこにメスが入ってきて、つがいになる。繁殖期は4〜9月と長い。

ウグイスは一夫多妻で、オスのなわばりの中に、複数のメスの巣があることが多い。メスは1回目の繁殖が終わるか、失敗すると、ほかのオスのところにいって、つがいになる。

メスが、やぶの中のササやススキなどに、つぼを横にしたような形の巣をつくる。卵は4〜6個産む。巣は低い位置につくられることが多いので、天敵におそわれやすい。

全身がオリーブ色でめだたず、すがたをみるのはむずかしいが、ホーホケキョという声をたよりにみられることも。

ウグイス

日本じゅうの平地、低山、高山、海岸と広く分布し、高山以外では一年じゅうみられる。ササのやぶを好んで生息する。虫、クモや、冬には種子、くだものなども食べる。オスは、なわばりに入ってきたメスとつぎつぎにつがいになる「一夫多妻」の習性をもち、巣づくりから抱卵、ひなの世話は、すべてメスがおこなう。

春 / **夏** / **秋** / **冬**

卵は15日ほどでふ化する。ひなはメスが世話をして、13日ほどで巣立つ。

8月

鳥の声

鳥の声には大きく分けて、「さえずり」と「地鳴き」の2種類がある。

「さえずり」は、ウグイスのホーホケキョというような特徴的な耳にのこる鳴きかたで、オスがメスに求愛するときや、なわばりをまもるときの声だ。ふつうは繁殖期だけの声で、オスだけが出すことが多い。

「地鳴き」は、オスもメスも出す声で、一年じゅうきくことができる。チッとか、ジャッといったじみな声が多い。

カラスのようにさえずりがない鳥やスズメのように、さえずりがめだたない鳥もいる。

10月

秋の終わりのころになると、よくさえずっていたウグイスがおとなしくなり、やぶの中でひっそりとくらす。このころは、チャッチャッという、じみな地鳴きになる。これを「笹鳴き」という。高い山で繁殖したものは、低地におりてくる。

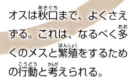

オスは秋口まで、よくさえずる。これは、なるべく多くのメスと繁殖をするための行動と考えられる。

巣立ったひなは、しばらくメスから食べ物をもらって、その後にひとり立ちする。

庭や公園

山や林

チーチーと鳴きながら、ウメやサクラのみつを吸いにくる。

春になると、群れからはなれてペアになる。夫婦はとても仲がよい。

4月ごろから、二股の枝にハンモックのようにぶら下がるカップ状の巣をつくる。巣材は、細かい枯れ草や木の繊維、クモの糸などをつかう。

4月

卵は3〜5個産み、オスとメスが交代で温める。約11日でふ化する。

ひなの食べ物も、オスとメスが協力して運ぶ。10〜12日で巣立つ。

ひなは巣立ちしてから2〜3週間でひとり立ちする。

メジロ

日本全国でみられ、高山、北海道以外では、一年じゅうみることができる。
平地や山地の林にすみ、都市の公園にも多い。
くちばしが細く、目のまわりに白いふちどりがある。体は、黄緑色で美しい。
さえずりは、チーチュルチーなど、いろいろな声で鳴く。
昆虫やクモ、木の実、花のみつなどを食べる。

春 / 夏 / 秋 / 冬

条件がよければ、夏までに2〜3回繁殖して、ひなを巣立たせる。

8月

花のみつを吸う鳥
メジロとヒヨドリ

日本で、花のみつを吸う鳥の代表は、メジロとヒヨドリ（→p.6）。まったく種類のちがう2つの鳥の口には、共通点がある。

まず、どちらも細く長いくちばしで、みつのあるせまい場所にとどく。

そして、舌の先が筆のようにこまかく割れていて、みつをふくんで吸いやすくなっている。

ツバキなどは、昆虫の少ない寒い時期に花を咲かせ、鳥たちにみつを提供するかわりに、受粉をしてもらうことで、種子をつけることができている。

メジロの舌

ヤブツバキの花にくちばしをつっこんで、みつを吸う。ツバキのみつは、冬場の貴重な食べ物になる。

カラの混群（→p.11）にまじって、いっしょに行動するものもいる。

繁殖が終わると、群れになる。山にすむメジロは、暖かい平地におりてきて群れになる。

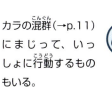

メジロはあまいものが大好き。カキ、アケビなどによくくる。

庭や公園 / 山や林

シジュウカラ

日本全国で一年じゅうみられる。胸から腹にかけ、ネクタイのような帯もようがある。昆虫や種子を食べる。

2月の寒い時期からさえずり、なわばりをつくりはじめる。

オスどうしが胸のもようをみせて、威嚇しあう。

🔍 木の上や電線などめだつところで、さえずるので、さえずりがきこえたら、みてみよう。

ツピーツピーツピーと、さえずる。

🔍 思いがけず、身近なところに巣があるかもしれない。その場合は、みつけても、遠くからの観察にしよう。

3月

3月ぐらいから巣づくりをはじめる。木の穴や巣箱、建物の穴、庭に置いた植木鉢など、いろいろなところに巣をつくる。

巣の中には、植物の繊維、コケ、動物の毛、鳥の羽などを敷きつめる。

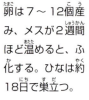

卵は7〜12個産み、メスが2週間ほど温めると、ふ化する。ひなは約18日で巣立つ。

巣立ったひなを連れ、しばらくは親が食べ物をあたえて、世話をする。条件がよければ、夏までに2回、ひなを巣立たせる。

春

山や林

エナガ

尾の長い小さな鳥。ほぼ日本全国の林にすむが、最近は、都会の公園でもみられる。昆虫やカキの実のほか、小さな木の実なども食べる。

3月

3月ごろから巣をつくりはじめる。

ジィール、ジィールなどと鳴く。

クモの卵のうの糸を集める。

10日ほどで高さ13センチほどの球形の巣ができる。この中には、600〜1200枚ぐらいの鳥の羽が入っている。卵は7〜11個産み、メスだけで抱卵する。約14日でひながかえる。

植物の繊維やコケと、クモの糸をつかって、巣をつくっていく。

ひなの食べ物は、親以外に、ヘルパー*も運んでくる。

ひなは16日ほどで巣立つが、しばらくは、親やヘルパーから食べ物をもらう。

はじめは家族で小さな群れをつくるが、すぐに数家族が集まって、大きな群れになる。

*ヘルパー……親以外で、子育てを手伝う個体。繁殖に失敗したものか、まだ繁殖をしていないものがなる。

シジュウカラは、ネクタイもようが太いのがオス。メスは細い。

メス　オス

春が近づくと、シジュウカラもエナガもオスとメスのペアになって、繁殖のために群れからはなれる。

エナガは外見からは、オスとメスの区別がつかない。

小鳥たちの「混群」

混群とは、ちがう種類の鳥がいっしょになっている群れのこと。

カラ類（シジュウカラ、ヒガラ、ヤマガラ、コガラ）、エナガ、メジロ、ゴジュウカラ、コゲラのほか、ときにはウグイス、アカゲラなども混群に入ることがあり、数十羽もの群れで林の中を食べ物をさがしながらめぐっていくこともある。

しかし、よくみると、シジュウカラは林の地面など低いところで、エナガは高い木の枝先などで食べ物をさがしていて、食べ物で争うことはない。

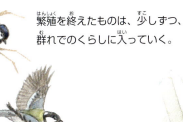

繁殖を終えたものは、少しずつ、群れでのくらしに入っていく。

秋冬は、ちがう種類の小鳥たちと「混群」をつくってくらす。

コゲラ / メジロ / エナガ / ヤマガラ / シジュウカラ

8月

ひとり立ちした幼鳥は、幼鳥だけの群れをつくり、広い範囲を動いているうちに自分の居場所をみつけて、おとなの群れに入る。

夏 → 秋 → 冬

秋冬には、小さな群れになる。シジュウカラなどと「混群」をつくってくらす群れもある。

雑木林や、木の多い公園では、混群に出会えるかもしれない。小鳥たちがにぎやかに鳴きながら近づいてきたら、じっと待ってみて、どんな鳥が入っているか、観察しよう。

庭や公園 / 山や林 / 山や林

庭や公園 / 川や沼、湖

3月ごろから、オスがなわばりの中でさえずりはじめる。繁殖期は4～8月。

夏羽　春から夏にかけては背中が黒い。

4月　木や石の下、看板、建物のすきまなどに、枯れ草や小枝でおわん型の巣をつくる。窓の桟、植木鉢の中など、かわったところに巣をかけることもある。

卵は、4～5個産み、オスとメスが交代で温める。

抱卵して12～13日でひながかえり、オスとメスが協力して食べ物を運ぶ。

ふ化して14～15日ほどで、巣立ちをむかえる。しばらくは親から食べ物をもらって、その後にひとり立ちをする。

水辺でなくても、よくみかける。コンビニの駐車場などにもいる。

いつもよく、尾羽を上下にふっている。

ハクセキレイ

ほぼ日本全国でみられるようになった留鳥。河川、農耕地、市街地の空き地などでくらす。水辺だけでなく、乾燥した、ひらけた場所でもみられる。晩夏から翌年の春には、夜に集団になり、ねぐらをつくる。飛ぶときにチチン、チチンと鳴き、さえずりはチュイチュイピチュイなど。昆虫、クモなどを食べる。

春　夏　秋　冬

6月ごろ、ひながひとり立ちをして、条件がよいと、2回目の繁殖をする。

8月　8月ごろから、夜は街路樹や建物などにねぐらをつくって集まるようになる。

秋になり、繁殖が終わっていても、昼間はつがいでなわばりをもつ。ほかの鳥が入ってくると、鳴きながら追いかけあい、争うすがたがよくみられる。

鳥の飛びかた

鳥は種類によって、飛びかたがちがう。特徴的な飛びかたをみてみよう。

●**波状飛び**　ときどき羽ばたいて、波状に飛ぶ。

セキレイのなかま、キツツキのなかま、ヒヨドリなど

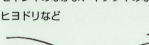

●**直線飛び**　ずっと羽ばたくか、ときどき羽ばたいて、まっすぐ飛ぶ。

ムクドリなど

●**ホバリング**　羽ばたきながら、空中で止まる。

カワセミ、アジサシ、チョウゲンボウなど

冬のねぐらは大きくなり、橋げた、街路樹、交差点の電線などに、ときには数千羽が集まることもある。春になると、しぜんとねぐらはなくなっていく。

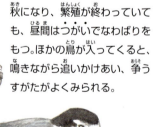

秋冬になると、背中が灰色にかわる。　冬羽

庭や公園

ツバメ

夏鳥。日本で繁殖するものは、東南アジアからやってくる。街なかから郊外まで、人のすむところに生息し、建物以外に巣をつくることはない。毎年、おなじ場所に帰ってきて巣をつくることが多い。飛ぶのがじょうずで、すばやく旋回ができ、空中で昆虫をとらえる。チュイチュイ、チプチュイチプチュイ、ジジ、などと鳴く。

メス / オス

オスは、メスよりも尾羽が長く、のどの赤色が強い。

街なかを飛びかうツバメ。毎年、人のすむ場所に帰ってきて、巣をつくる。

春

4月

巣材のどろや枯れ草をくちばしでくわえて運ぶ。

4月、全国に渡ってくる。

巣材をかべにはりかさねていく。

できあがった巣。卵は3〜6個産み（1回目の卵を産む時期は4月中旬〜5月上旬）、おもにメスが温める。

卵を温めて14〜15日で、ひながふ化する。オスとメスで食べ物を運び、21〜22日でひなが巣立つ。

ひなは巣立ってからも、しばらく食べ物をもらう。

ひながひとり立ちすると、親は2回目の卵を産み（5月下旬〜6月末）、ひなを育てる。

夏

7〜8月

6月ごろから、夜になると、子育ての終わったツバメやひとり立ちした若いツバメがアシ原などに集まって、ねぐらをつくる。7〜8月には、2回目の子育てを終えた親と若鳥も入って、ねぐらは大きくなる。

数千、数万羽と集まるアシ原のねぐらもある。暗くなる直前、大群がいっせいに空から落ちるようにねぐら入りする光景は、みごとだ。

秋

8月中旬ごろから少しずつ渡りをはじめ、10月上旬にはいなくなる。沖縄を経由して東南アジアへ向かう。

冬

越冬ツバメ

日本の一部の地域では、冬にツバメがみられ、「越冬ツバメ」とよばれている。このツバメたちは居残っているのではなく、北の国から冬を越すためにやってきた「冬鳥」だ。

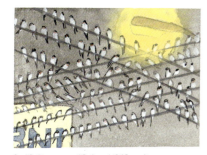

越冬地では、昼間は少数で飛びまわり、夜はアシ原や繁華街の電線などにねぐらをつくってねむる。3月になると、また日本へ渡ってくる。

日本で繁殖するツバメの越冬地

ベトナム / 台湾 / フィリピン / インドネシア / マレーシア

『鳥類アトラス』（環境省／山階鳥類研究所）を参考に作成。日本で足環をつけた個体が、秋冬に海外で回収された場所を、越冬地として赤色でしめしている。

庭や公園／山や林

メス　オス

オスは頭が灰色、腹がオレンジ色。

止まって、カッカッ、ヒッヒッと鳴く。ぴょこんとおじぎをして、尾をふるわせるすがたが、よくみられる。

4月

冬のあいだ、日本ですごしたジョウビタキは、4月になると北の国へと旅立つ。

繁殖地に着いたオスは、なわばりをつくり、美しい声でさえずるようになる。

巣は皿状で、樹洞、岩のすきま、巣箱、軒下など、いろいろなところに、オスとメスが協力してつくる。巣材は、樹皮、小枝、コケなどで、人工物につくられることも多く、日本で繁殖したものは、換気扇や物置棚を利用した記録もある。

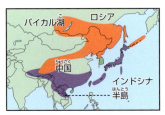

ジョウビタキの分布図
『日本の野鳥650』（平凡社）より
バイカル湖　ロシア　中国　インドシナ半島

ジョウビタキ

春　夏　秋　冬

ロシアのバイカル湖周辺や中国、北海道の一部で繁殖し、冬は中国南部、インドシナ半島北部、日本の本州以南で越冬する。日本では、10〜翌年4月に冬鳥としてみられるが、最近、長野県や中国地方で繁殖しているものがみつかった。平地から低山の農耕地、河原、明るい林、住宅地、公園などに、なわばりをつくってすむ。昆虫や木の実などを食べる。

5〜7個の卵を産み、おもにメスが温める。

ひなの食べ物も、オスとメスが協力して運び、およそ2週間で巣立つ。

繁殖が終わると、また南へ移動をはじめる。

人をおそれないジョウビタキ

冬に、庭や畑で土をほっていたり、草刈りをしたりしていると、ジョウビタキが飛んでくることがある。人が作業をすることで、地中の虫が出てくることを知っているからだ。知らないふりをしていると、ジョウビタキが近くまできて、地面のえものをさがすすがたがみられるかもしれない。
庭の植木鉢を移動させてみよう。下の虫が出てくれば、それがえものになる。ジョウビタキの食事の場面を観察するチャンスだ。

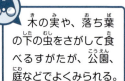

木の実や、落ち葉の下の虫をさがして食べるすがたが、公園、庭などでよくみられる。

10月

10〜11月ごろに日本に到着し、冬は1羽ずつが、なわばりをもってくらす。

追いかけあいや、けんかをして、勝ち負けを決め、なわばりを確定する。

実は、まるのみにして食べる。消化できない大きな種は、あとでペリット（→p.31）としてはき出す。

アンテナや電線の上でヒッヒッと鳴いて、なわばりを主張する。

庭や公園 / 山や林

ツグミ

ユーラシア大陸北部のシベリアで繁殖をして、秋には越冬のため、中国南部、台湾、日本などに渡る冬鳥。11〜翌年5月に、農耕地、河川敷、明るい林、住宅地などで、ふつうにみられる。速足で歩いては止まる行動をくりかえし、食べ物をさがす。雑食で、木の実や落ち葉の下の虫、ミミズなどを食べる。日本できかれる声は、クェックェッや、キョッキョッなど。

春になると、1羽ずつくらしていたものが小さな群れになってくる。芝生や畑などでみられる。

3月
3月から5月のはじめごろまでには、10羽前後の小さな群れになり、北の国へ旅立つ。

シベリアの中部から南部へと、夜に渡っていく。

繁殖地は、ツンドラ（→p.38）と森林地帯のあいだの、カラマツなどが生える環境。

みた目で、オスとメスの区別はむずかしい。胸のもようは、個体差がある。

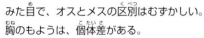
胸に黒い帯 ／ 二重の帯 ／ 帯なし ／ 赤茶色が強い

ツグミの分布図

シベリア（ロシア）／ ユーラシア大陸 ／ 中国 ／ 台湾

『日本の野鳥650』（平凡社）より

6月
繁殖期は6〜9月。
繁殖地に着いたオスは、なわばりをつくり、ポピョリン、ポピョリン、キョロキョロと、さえずるようになる。

低い枝の上、木の根もと、茂みなどに、枯れ草でおわん状の巣をつくり、内側は、どろをぬってかためる。

卵は4〜6個産む。抱卵して12〜14日ほどで、ひなが生まれる。

ひなは10〜18日ほどで巣立つ。

10月ごろ、繁殖が終わると、越冬のために、群れで南へ移動する。

春 / 夏 / 秋 / 冬

早春になると、人里や公園、庭などで、地面で食べ物をさがしたり、植木の実を食べたりするすがたがみられる。

11月
11月ごろ、日本に到着し、はじめは山地で群れて林の木にとまっているが、だんだん低地におりて、1羽でくらすようになる。

ミミズをつかまえて、穴から引っぱり出す。

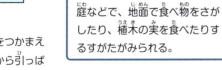
ちょんちょん歩いては立ちどまり、胸をそらすすがたが、よくみられる。

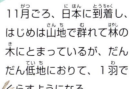

キジバト

日本全国で一年じゅうみられるが、北海道のものは、越冬のために南下する。おもに草や木の種子などを食べる。真冬以外はいつでも繁殖できる。

オスはときどき「プン」という声をだすことがある。威嚇の声といわれているが、メスにプロポーズする前にもだす。

> オスは、デデーポッポーと、のどかな声で鳴く。

巣は木の枝につくる。オスが小枝の巣材を運び、メスが腹の下に枝を敷きながら、粗雑な巣をつくる。

> オスとメスが2羽でいることが多く、仲よく羽づくろいをしあうすがたがみられる。

1回に2個の卵を産み、卵は15〜16日でふ化する。

春 夏

ドバト（カワラバト）

いちばん身近にいるハト。カワラバトをもとにつくられた人工の品種が野生化したもの。日本全国にいて、人の近くや農耕地、河原などでくらす。草や木の種子、昆虫などを食べる。いろいろな色のタイプがいる。

卵は2個で、抱卵して16〜20日ほどでひなが生まれ、ピジョンミルクで育てる。

> 繁殖は一年じゅう可能で、メスをさそうオスが、のどをふくらませ、クッククルーと鳴くディスプレイがよくみられる。

巣は、駅やマンションなどの建物の、雨の当たらない場所をつかうことが多い。小枝などを少し置いただけのかんたんな巣をつくる。

ハトのなかまは、のどにある「そのう」という袋から出るミルク状の液体「ピジョンミルク」を、ひなに口うつしであたえて育てる。ピジョンミルクは、季節が限定される昆虫や植物などとちがい、一年じゅうつくれるので、ハトは繁殖の時期を選ばない。ピジョンミルクは、オスも出すことができる。

ピジョンミルクの成分は、ひなの成長に合わせて、親が半分消化した食べ物の割合がふえていく。これはドバトもおなじだ。

ひなは、ふ化してから30〜40日ほどで巣立つ。ひなのすがたは、あまりかわいらしくない。

ひなは巣立ったあとも、しばらくは親から食べ物をもらう。

キジバトは、群れになることはほとんどなく、1羽か2羽でいることが多い。しかし、まれに、食べ物が多い場所にいるときや、冬には、群れていることがある。

天気のよい日に、おなかを地面につけ、つばさや尾羽を広げてじっとしているのは、日光浴をするすがただ。キジバトも、ドバトも、ハトのなかまは日光浴が大好きだ。これは、ハムシやダニが付くのを防ぐためといわれている。

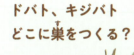

ドバト、キジバトどこに巣をつくる？

野生のカワラバトは、岩壁の割れ目などに巣をつくっていたので、その習性から、子孫であるドバトは、コンクリートなどの人工物に巣をつくるようになった。

キジバトは、別名ヤマバトともいわれ、もともと山地の鳥だったが、近年、街なかでもみられるようになった。山でくらしていたことから、木に巣をつくることが多いが、最近は街に順応したのか、人工物に巣をかけるキジバトが出てきている。

秋 / 冬

ふ化して30〜40日で巣立つ。しばらくは親から食べ物をもらって成長する。

ドバトの繁殖は、年に3〜4回だが、とても繁殖力が強く、食べ物が豊富な場所では、5〜6回もひなを育てるので、すぐにふえる。

繁殖のとき以外は、群れでいることが多い。

庭や公園 / 山や林

メス　オス

くちばしがまがり、小さなタカのようだ。とまっているとき、尾羽をぐるぐるとまわしていることが多い。

モズのものまね

モズは、秋の「高鳴き」以外に、独自のさえずりの声はもっていない。

春先にオスは小さな声で、いろいろな鳥のものまねをいれ、複雑なさえずり（サブソング）をする。

まねるのは、ヒバリ、セキレイ、オオヨシキリ、ウグイス、コジュケイなど、いろいろだ。

そして、その歌でメスをさそって、求愛をする。

なわばりを見張っているときもこの声を出すが、メスに向けて歌うときよりは、単純な歌であることが多いようだ。

モズのはやにえ

昆虫　トカゲ　カエル

生きたえものをとらえるモズにとって、なわばりをもつことは、少ないえものを独占するためにとても重要だ。めだつところで、侵入者を見張ったり、鳴いたりしているすがたがよくみられる。

モズ

日本全国の山から里まで、ひらけたところで一年じゅうみられる。北にくらすものは南下したり、山にくらすものは低い場所に移動するなどして、越冬する。頭が大きく、尾が長い。目のまわりの黒がはっきりしているのがオス。肉食で、おもに昆虫類、カエル、魚、ザリガニなどを食べる。ときには、小鳥やネズミをとることもある。

春／夏／秋／冬

モズは、とらえたえものを木の枝やとげに突きさし、そのままにする習性がある。突きさされたえものを「モズのはやにえ」という。たいていは、あとで食べられているので、食べ物の貯蔵が目的だと考えられている。

冬は、自分のなわばりの中で、1羽でくらす。

2月末になると、メスがオスのなわばりに入ってきて、気に入ったオスとつがいになる。

メスは羽をふるわせてチーチーと鳴き、オスに食べ物をねだる。オスは虫をとってきて、メスにプレゼントする。

3〜4月

3〜4月に1回目の繁殖をする。

木の枝の股に、こまかい枯れ草や木の繊維、ポリエチレンのひもなどで、おわん状の巣をつくる。卵は2〜6個産み、メスが抱卵する。14〜16日で、ひながかえる。

ひなが小さいときには、オスがメスに食べ物をわたし、メスがひなに食べ物をあたえることが多い。ひなは、14日ほどで巣立つ。

ひなは巣立ちしてからも、しばらくは親から食べ物をもらう。

条件がよければ、5〜6月に2回目の繁殖をすることもある。

9〜10月

オスとメスは別れ、それぞれなわばりをもつため、「高鳴き」といわれる大きな声で鳴きはじめる。そして、なわばり争いもふえる。

高鳴き　8月末ぐらいから、アンテナの上や枝先など、めだつところで、ギチギチギチージョンジョンと鳴く。

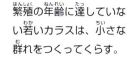
庭や公園
山や林

どこでもみられるカラス。くちばしが太いのが特徴。全身黒いが、光が当たると、紺色や、むらさき色、緑色にかがやく。観察してみよう。

群れから離れてペアになる。夫婦はとても仲がよい。

4月になると、木の枝の股に、木の枝や皮などを集めて、おわん状の巣をつくる。都会では、針金ハンガーでつくることもある。

繁殖の年齢に達していない若いカラスは、小さな群れをつくってくらす。

2月

卵は4〜6個で、メスが20日ほど温める。そのあいだ、オスはなわばりをまもる。

ひなの食べ物は、約1か月間、オスとメスで協力して運ぶ。

春

ハシブトガラス

全国で一年じゅうみられる。
アジアでは森林にくらすカラスだが、
日本では山間部から都会まで、
はばひろい環境にくらしている。
くちばしが太く、ひたいが出っぱっている。
すんだ声でカーカーと鳴く。
雑食で、弱った生き物、死んだ生き物、
ごみ、植物質の物など、
なんでも食べる。

6月

ひなは巣立ちしてから、翌年の春まで親とくらす。

冬

夏

11月

小さな群れが集まってきて、数十羽から数百羽の群れになる。夜になると、大きなねぐらをつくり、数千羽の群れになることもある。

秋

8月になると、繁殖が終わったカラスと若いカラスが集まって、小さなねぐらをつくる。

「集団ねぐら」ってなに？

日中に活動する鳥は、夜はほぼ決まった場所でねむる。その場所のことを「ねぐら」という。

とくに、多数の鳥が群れとなり、ねぐらをつくる場所を「集団ねぐら」といい、これは秋から冬にかけてみられる。春の繁殖期になると、それぞれのなわばりにもどるので、大きな群れはみられなくなる。

なぜ集団ねぐらをつくるのかは、わかっていないが、なかまどうしが集まることで、天敵を早くみつけやすくなり、集団で身をまもることができて、群れでいる安心感もあるからだといわれている。

カラスのねぐら入りの時間は、だいたい決まっている。みつけたら、毎日見張ってみよう。

鳥たちの繁殖の季節と食べ物

鳥たちの一年で、いちばんたいせつな仕事は、卵を産み、ひなを育てること。鳥の繁殖の季節は、春から夏にかけてが多いが、季節にあまり左右されない種類もいる。そのちがいは、ひなにあたえる食べ物によるようだ。
虫をあたえるシジュウカラ、魚をあたえるカワウ、ミルク状の液体を出すキジバト、小動物をあたえるフクロウの4つの例で考えてみよう。

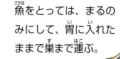

魚をとっては、まるのみにして、胃に入れたままで巣まで運ぶ。

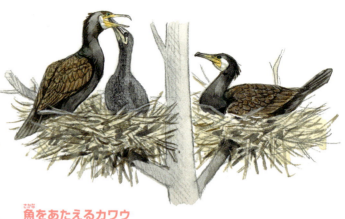

魚をあたえるカワウ

カワウは、まるのみにした魚を、胃からもどし、半分消化された状態で、ひなにあたえる。魚は一年じゅう、安定してとれるので、あたえる食べ物にこまることも少なく、ひなを育てられる期間も長い。

はじめは、いも虫などの小さな虫を、ひなが大きくなってくると、大きな虫を持ってきてあたえる。

虫をあたえるシジュウカラ

シジュウカラなど、小鳥の多くは、成長に必要なたんぱく質を豊富にふくむ昆虫を、ひなにあたえる。春から夏にかけては、昆虫が多く出てくるので、この季節に、ひなを育てる鳥は多い。春に多いいも虫は、やわらかく、小さいひなには、うってつけの食べ物になる。

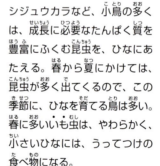

大きくなったひなは、野ネズミをまるのみする。

ミルク状の液体をあたえるキジバト

キジバトは、植物の種や実を食べる。ひなには、それを、ピジョンミルクというミルク状の液体にして（→p.17）あたえる。親が自分でひなの食べ物をつくることができるので、真冬以外は、ひなを育てることができる。

小動物をあたえるフクロウ

フクロウは、親もひなも、アカネズミやヒメネズミなどの野ネズミを多く食べる。ひなは巣立つまでに、60ぴきも食べるといわれている。野ネズミは一年じゅういるが、春と秋が繁殖してふえる季節。それに合わせて、フクロウの子育ても、春がひなの成長の時期、秋がひとり立ちの時期となっている。

ひなは、親の口の中にくちばしをつっこんで、ピジョンミルクをもらう。

鳥たちには、いろいろな子育ての方法があるが、繁殖の季節にひなにあたえる食べ物がじゅうぶんにあるか、ひながひとり立ちをするころに食べ物が豊富にあるか、ということが、とても重要であることがわかる。

草原

メス

オス

💬 オスには黒い眉線とほお線がある。

💬 木のてっぺんなど、めだつところでさえずる。

3月、暖かくなると、さえずりがきこえはじめる。

繁殖期は4〜9月。

4月、メスが巣をつくる。そのあいだ、オスはメスについてまわるが、手伝いはしない。地上や低木の枝に、枯れ草でおわん状の巣をつくる。

4月

ホオジロの巣は、地面に近いので、天敵におそわれることが多く、繁殖をやりなおすことも多い。

卵を温めるのはメスだけ。3〜5個の卵を産み、抱卵は11日間ぐらいおこなう。そのあいだ、オスは近くの木のてっぺんで、さえずっている。

ひながかえると、オスとメスが協力して食べ物を運ぶ。ひなは11日ぐらいで巣立つ。

春

ホオジロ

ほぼ日本じゅうで、一年じゅうみることができる。北海道のものは、越冬のために南下する。平地や山地の草原、農耕地、河原、林縁などの、明るく、ひらけたところでくらす。雑食で、繁殖期は昆虫類、秋から冬は植物の種子を食べている。さえずりは、チョッピーチリチョ、チーツク、地鳴きは、チチッ、チチッ。

夏

巣立ったひなは、10日ほどは親から食べ物をもらう。そのうち自分で食べ物をとるようになり、なわばりから出ていく。

聞きなし

鳥の鳴き声を人のことばに当てはめたものを「聞きなし」という。鳥のさえずりの「聞きなし」を知っていると、野外でなにが鳴いているのかがすぐにわかり、便利だ。

- **ウグイス**「法法華経」（ほうほけきょう）
- **ホオジロ**「一筆啓上仕り候」（いっぴつけいじょう つかまつりそうろう）「源平ツツジ 白ツツジ」（げんぺいつつじ しろつつじ）
- **メジロ**「長兵衛 忠兵衛 長忠兵衛」（ちょうべい ちゅうべい ちょうちゅうべい）
- **ツバメ**「土食って 虫食って しぶーい」（つちくって むしくって しぶーい）
- **ホトトギス**「特許許可局」（とっきょきょかきょく）

冬

小さな群れで冬をすごすものもいる。それらは、越冬のために北の地方からきているホオジロであることが多い。

秋

10月

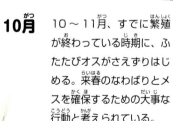

つがいの2羽のまま、繁殖地にとどまって、冬をすごすものもいる。

10〜11月、すでに繁殖が終わっている時期に、ふたたびオスがさえずりはじめる。来春のなわばりとメスを確保するための大事な行動と考えられている。

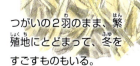

オオヨシキリ

草原

東南アジアから日本全国にやってくる夏鳥。おもに水辺や休耕田などのヨシ原でくらす。さえずりは、ギョギョシ、ギョギョシと大きな声をくりかえす。おもに昆虫を食べる。

メスが卵を温めているあいだ、オスはなわばりをまもるために見晴らしのよい場所でさえずる。

口を大きくあけて鳴く。

4月下旬
オスたちは日本へ早く到着して、ヨシ原の見渡せる場所でさえずりをはじめ、なわばりを決めるために争う。このころは、夜中も鳴くことがある。5月中旬ごろ、メスが渡ってきて、オスとつがいになる。

5〜7月、メスがヨシ原に、イネ科の植物の葉や茎でコップ形の巣をつくり、4〜6個の卵を産む。抱卵はメスだけでおこなう。

オオヨシキリは一夫多妻で、強いオスのなわばり（約100平方メートル）の中に、メスの巣が2〜3個あることがある。

春 / **夏**

オオヨシキリの巣には、カッコウが卵を産むことがある。

カッコウ

草原

東南アジアから渡ってくる夏鳥。日本全国でみられるが、本州中部から北に多く、小さな林がある草原や農耕地など、ひらけた場所にすむ。托卵＊の習性がある。見晴らしのよい木の上などで、オスがカッコウ、カッコウと鳴く。メスはピピピピと鳴く。

5月中旬
オスが先に渡ってきて、鳴いたり戦ったりして、なわばりをもち、あとから着いたメスとつがいになる。

鳴くオス

尾羽をあげて左右に振りながら鳴くことがある。

6月
オオヨシキリの巣に卵を産もうと、木の上から、すきをうかがうメス

ほかの種の巣に産卵をする。親鳥が巣にいないときに卵を1つくわえ取って捨て、自分の卵を1つ産みおとす。

＊托卵……ほかの種の鳥の巣に卵を産み、その親に卵を温めさせ、ひなを育ててもらう習性のこと。カッコウは自分で卵を温めず、ひなも育てない。カッコウのひなの育ての親になるのは、オオヨシキリ、アオジ、モズ、オナガなどだ。

オオヨシキリの卵をくわえ取る、カッコウのメス

卵は2週間ほどでふ化し、おもにメスだけでひなを育てる。ひなは2週間ほどで巣立つ。

8月

オスは、ひなが育つにしたがって、さえずることが少なくなる。

ひなは巣立ったあとも、しばらく親に食べ物をもらう。その後、自分で食べ物をさがすようになり、ひとり立ちをする。

8月末になると、南に向かって旅立ちはじめ、10月ごろにはいなくなる。

日本で繁殖したものは、中国南部やフィリピンで越冬をしていると思われる。

オオヨシキリの「オスはつらいよ」

オオヨシキリのオスは、4月中に日本に渡ってきたものは、いい場所になわばりをもつことができ、2〜3羽のメスとつがいになれる。しかし、遅れて日本にきたオスは、なわばりをもつことはできるが、メスとつがいになれないことも多い。

毎年、オオヨシキリのオスの15パーセントぐらいが、メスとつがいになることができないといわれる。オオヨシキリのオスにとって、渡ってくる時期というのは、とても重要なことだ。

草原

秋

9月

カッコウの卵は、育ての親の卵よりもちょっと大きいが、色やもようはよく似たものが多い。卵は11〜12日でふ化する。

カッコウのひなは、育ての親の卵より早くふ化し、目も見えないうちから育ての親の卵を背中におして、巣の外に落としてしまう。1羽だけになって、食べ物を独占できるようにするためだ。

大きくなったカッコウのひなに食べ物をあたえるオオヨシキリ

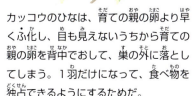

ひなはふ化して20〜22日ほどで巣立つ。その後、しばらくは育ての親から食べ物をもらう。ひなは育ての親の4倍ほどの大きさに成長する。

モズが親のとき

アオジが親のとき

8月下旬から9月下旬、南へ向かって、単独で渡っていく。

9月、公園や川ぞいなどの桜の木などで、毛虫を食べる、渡りのとちゅうのカッコウをみることができる。

草原

草原

メス

オス

冬のオスの顔

春、繁殖期のオスの顔。赤い肉だれが広くなって、めだつようになる。

3～4月になると、オスどうしが争いをはじめ、なわばりを主張するようになる。ケン、ケーンと鳴き、なわばりを宣言して、そのときにつばさを胴体に打ちつけ、ドドドドという音をたてる。これを「ほろ打ち」という。

3月

4～7月、メスは草むらの地面に枯れ草を敷いて巣をつくり、6～12個の卵を産む。メスだけで抱卵し、23～25日で卵がふ化する。

メスは1～4羽で食べ物をさがしながら、複数のオスのなわばりを訪問して、交尾をする。

メスは卵をだくと、敵が近づいても、ぎりぎりまで卵からはなれない。

キジ

本州、四国、九州、種子島にみられる。
オスは、背とつばさ以外は深緑色で、
尾羽が長く、美しい。
メスは、光沢のある黄土色で、全体に
黒茶色のはん点があり、オスよりも尾が短い。
山地から平地の林、農地、河川敷など、
明るい草地に生息し、
植物の種子、芽、葉や昆虫、
クモなどを食べる。
日本の固有種で、国鳥。

春　夏　秋　冬

ひなを育てるのもメスだけだ。ひなは、生まれるとすぐに歩くことができ、食べ物も自分でさがす。

メスが子育てをしているあいだ、オスは自分のなわばりをまもってくらす。

キジのなかまのあし

ニワトリやウズラは、キジのなかまだ。
飛ぶことはあまりじょうずではないが、強いあしをもっている種類が多い。
このなかまのオスには、あしの後ろに「けづめ」という、するどい出っぱりがある。けんかのときの攻撃につかわれるもので、メスのあしにはない。

けづめ

秋になると、オスはなわばりを捨てる。オスもメスも、群れをつくって生活することが多い。

10月

ひなは7～8か月で成鳥になり、ひとり立ちをする。

鳥たちの「渡り」

鳥などが、季節によって、地域を移動して生息地を変えることを「渡り」という。渡りをする鳥を「渡り鳥」といって、渡りのコースと時期は、種類で決まっている。渡り鳥は、ある特定の地域を中心に考えた場合、どの季節にみられるかで、「夏鳥」「冬鳥」「旅鳥」に大きく分けられる。

夏鳥
冬を南の国で越して、春に日本で子育てをする鳥。冬は日本にいない。春、気候がよくて食べ物もたくさんある日本にきて子育てをする。秋になると、日本が寒くなる前に、暑さもおちつき、昆虫などの食べ物が多くなった南の国へと渡っていく。

本文に出てくる「夏鳥」
ツバメ、オオヨシキリ、カッコウ、キビタキ、コアジサシ、サシバ、アオバズク、コチドリ

ツバメ

夏鳥の渡りのコース 夏鳥は、南の国から繁殖のために日本にくる。

冬鳥
夏に北の国で子育てをして、冬を日本で越す鳥。夏は日本にいない。夏、北の国のツンドラ地帯などの自然のゆたかな地域で子育てをする。秋になると、大地が雪と氷におおわれ食べ物がとれなくなる前に、日本にやってきて寒い季節をしのぎ、春になると、また北の国へもどる。

本文に出てくる「冬鳥」
ジョウビタキ、ツグミ、マガモ、オオハクチョウ、タシギ、ユリカモメ

オオハクチョウ

冬鳥の渡りのコース 冬鳥は、北の国から越冬のために日本にくる。

旅鳥
北の国の繁殖地と、南の国の越冬地を往復する旅のとちゅうで、日本に立ちよる鳥。春と秋にみられる。日本でじゅうぶんに食べ、羽を休めて、目的地へ向かう。非常に長い距離を移動する鳥が多く、世界でいちばん長く移動する渡り鳥として知られるキョクアジサシは北極圏から南極圏まで片道1万5000キロも渡る。

本文に出てくる「旅鳥」
ムナグロ、ハマシギ

ムナグロ

旅鳥の渡りのコース 旅鳥は、日本を渡りの通り道にしている。

そのほかの渡り鳥
鳥の渡りは、たとえば春に山で繁殖をして、冬になると越冬のために里へおりてくるなど、日本の中での、ごく短い距離の場合もある。このような小さい規模の渡りをする鳥を「漂鳥」という。高い山で繁殖する鳥たちの多くは漂鳥だ。ウグイスには、高い山で繁殖するものがいて、それらは秋、里におりてきて冬を越す。この場合のウグイスは、漂鳥とよばれる。しかし、ウグイスには一年じゅうおなじ場所でくらすものもいて、これらはおなじ場所にとどまるという意味で「留鳥」とよばれる。このように、おなじ種でも漂鳥と留鳥がいる。

ウグイス

身近な鳥も渡っている
スズメやヒヨドリなどの身近な鳥も、めだたないけれど、季節で移動していることがわかってきた。鳥たちの世界は、人が考えているより柔軟で、しかも複雑だ。これからも、鳥類学者たちが研究をかさねていけば、まだまだ知らない鳥たちのくらしがわかってくるだろう。

スズメ
ヒヨドリ

山や林

メス

オス

オスののどのオレンジ色は、濃いうすいの個体差がある。

キビタキのえもののとりかた

● 飛んでいる虫を、枝から飛びたち、空中でとらえて、もとの枝にもどる。

● 葉にいる虫を、ホバリングしたり、近くの枝にとまったりして、とびついてとらえる。

● 地面にいる虫を、地上におりてとる。

キビタキのすがたをみかけたら、どんな動きをするか、観察してみよう。

4月上旬〜5月上旬
先にオスが渡ってきて、オスどうしで追いかけあいや、けんかをして、なわばりを決める。追いかけあいは、ブーンと鳴きながら高速で飛ぶ。

メスが少しおくれてなわばりにやってくると、オスは、メスのまわりを飛びまわるディスプレイをしたり、尾を上げて羽をふるわせるダンスをしたりして、求愛をする。5〜8月に繁殖期をむかえる。

求愛のダンスをするオス

春

キビタキ

夏鳥として、ほぼ日本全国の、平地から山地の森林にやってきて営巣する。渡りの時期には、市街地の公園や緑地にも、すがたをみせる。越冬地は、くわしくわかっていないが、東南アジアで越冬していると考えられている。さえずりはたいへん美しく、ピーチュリピリリ、ピッコロロロロロなど、複雑な声をくりかえす。昆虫やクモ、木の実などを食べる。

冬　秋　夏

渡りの期間は長く、11月後半まで、すがたがみられる。

8月中旬
8月中旬から、南への渡りがはじまる。この時期、木の実もさかんに食べるようになる。

イヌザンショウを食べるキビタキ

市街地の公園や緑地などでも、ウルシやカキ、ホオノキ、サンショウ、ミズキ、サワフタギなどの実を食べるすがたがみられる。

さえずるオス。オスは、のどのオレンジ色がよくめだつ。

5月
メスが単独で、木のうろ、竹の穴、建物のすきまなどに、カップ状の巣をつくる。巣材は、落ち葉、コケ、植物の繊維、動物の毛など。

卵は3〜6個で、メスだけで抱卵し、10〜13日でふ化する。そのあいだ、オスはさえずってなわばりをまもる。

ひながかえると、オスとメスが協力して、昆虫などの食べ物をあたえる。ふ化後、10〜16日で巣立つ。

巣立ったひなは、しばらく親から食べ物をもらいながら、えもののとりかたや、身のまもりかたなどを学び、そのあとにひとり立ちをする。

アカゲラ

留鳥または漂鳥として、北海道と本州の森林でみられるが、本州の西南部には少ない。少数が四国に生息する。木の幹にたてにとまって、木をつついて虫をとる。巣は木の幹に穴をあけてつくり、夜はべつの樹洞でねむる。雑食で、昆虫やクモのほか、木の実も食べる。キョッ、キョッと鳴くほか、木をつついてコロロロロと音をだす「ドラミング」をおこなう。

山や林

オス / メス

背中の逆八の字形の白いもようがめだつ。

オスは頭の後ろが赤く、メスは黒い。

木をつつくときに体をささえるために、尾羽のまん中4枚はかたく、しっかりしている。

春

アカゲラをはじめ、キツツキのなかまは、波状に上下して飛ぶ。

3月ごろから、オスがなわばりをつくりはじめ、ドラミングがよくきこえるようになる。ドラミングの音は遠くまできこえ、なわばりの宣言やメスへの求愛の意味をもつ。

4〜7月中旬に繁殖期をむかえ、巣づくりがはじまる。巣は、オスとメスが協力して、生木や枯れ木に穴をあけてつくる。できあがるまでには2〜3週間かかる。

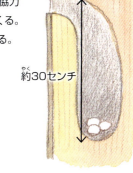

約30センチ

4月

卵は3〜8個産み、オスとメスが協力して抱卵し、14〜16日でふ化する。

夏

ひながかえると、オスとメスが協力して昆虫などをとってあたえ、ふ化後21〜25日で巣立つ。

秋

10月

実りの季節になると、木の実や、果実をさかんに食べるようになる。ウルシやカキ、ホオノキなどを好む。

ウルシの実を食べるアカゲラ

巣立ったひなは、しばらくは親から食べ物をもらいながら、えもののとりかたや身のまもりかたを学び、そのあとにひとり立ちをする。

冬

冬場は、木をつついて穴をあけ、カミキリムシの幼虫をとったり、樹皮の下にいる虫をさがしたりすることが多くなる。

寒い地方のアカゲラは、暖かい地方へ移動していく。

キツツキの特殊な舌

キツツキ類の舌はとても長く、頭の骨のまわりにぐるりと巻いていて、自由に長さをかえることができる。

舌は、ねばねばしていて、木の幹にあけた穴のおくにいる虫を舌先にくっつけてとることができる。

キツツキの穴は3種類

①ひなを育てる巣穴……直径20センチ以上の木に、ていねいにあけられている。出入り口は1つ。
②ねぐらの穴……粗雑なつくりで、出入り口が複数あるものが多い。古い巣穴をつかうこともある。
③食べ物をさがしたあとの穴……木の枝や根もとなど、いろいろなところにみられる。

※キツツキ類があけた巣穴は、モモンガやコウモリ、多くの鳥の繁殖や、ねぐらにもつかわれる。樹洞を必要としながら自分でつくることができない生き物にとって、キツツキ類はとても重要な穴の提供者だ。

オオタカ

山や林

日本全国の、平地から山地の森林にすむ。北日本でやや多く、冬には西日本に移動するものもいる。おもにハトや小鳥を空中でとらえて食べるが、ときにはカラスやサギ、ネズミやウサギなどの小動物もとる。ケッケッケッと鳴く。

4～5月に2～4個の卵を産み、メスが35～38日間、温める。5～6月にはふ化する。

ひなが小さいときには、オスが食べ物を運び、メスはそれをちぎってあたえるが、ひなが大きくなってくると、メスも食べ物をとりにいく。ひなは、ふ化後35～40日で巣立つ。

オオタカは、空中でえものを狩ることが多い。

3月
オスとメスが協力して巣づくりをはじめる。巣はアカマツやスギに枝を組んでつくることが多く、直径1メートル、厚さ60センチもの大きさになる。おなじ巣を補修しながら何年もつかうことがある。

ふ化後、2週間ほどのひな

春

サシバ

山や林

春、東北から九州にかけてやってくる夏鳥。低い山地の林に巣をつくる。おもにカエル、トカゲ、ヘビ、昆虫などを食べる。まれにネズミや小鳥もとらえる。ピークィとよく鳴く。

東南アジアから日本に渡ってきて、林と田んぼがならぶ里山でくらす。ヘビやトカゲ、カエル、昆虫類などがたくさんいる田んぼは、大事な狩り場になる。

渡来すると、すぐにオスとメスが鳴きあったり、いっしょに飛んだりして、つがいをつくる。オスは上下飛行や旋回飛行などをして、求愛をする。田んぼのそばの木に巣をつくり、4月下旬～5月上旬に2～4個の卵を産んで、抱卵に入る。

サシバは、見晴らしのよい木の上などから、えものをさがし、飛びおりてとらえる。

ヘビを運ぶサシバ

メス
顔が赤茶色で白いまゆ毛がめだつ。

オス
顔がグレーで、まゆ毛がめだたないか、ない。

4月

えものは、カエルやトカゲ、昆虫など。

巣は、アカマツやスギなどの針葉樹にかけることが多いが、広葉樹にかけることもある。抱卵期間は約1か月で、ひなの数は2～3羽。

6～7月ごろには巣立ちをする。ひなは親とおなじ大きさになっているが、体は赤茶色で、胸にたてのはん点があり、親とちがう色合いをしている。巣立ちから1～2か月は、親から食べ物をもらいながら、飛びかた、食べ物のとりかたなどを学び、秋になる前にはひとり立ちをする。

巣立ちが間近のひなたち

6月

幼鳥
親とおなじ色合いになるまで2年かかる。

ひながひとり立ちしたあと、9月ごろからは、親のオスとメスは、べつべつの行動範囲ですごす。

林道や倒木の上、下草の短いひらけた場所などに、大量の鳥の羽が散乱していることがある。これはタカ類の食事のあとかもしれない。なぜなら、とらえた鳥の羽をくちばしでぬいたあと、肉を裂き、骨ごと食べてしまうので、羽しかのこらないからだ。これをみつけたら、オオタカが近くにすんでいる可能性が高い。

1月には、春の繁殖に向けて、オスとメスの鳴きかわしがはじまる。また、上昇と急降下をくりかえすオスのディスプレイ飛行や、旋回飛行などのほか、オスとメスがならんで飛行するすがたがみられる。

オスによる上下飛行

オスとメスがならんで飛ぶすがた。どちらも、尾のつけねの白い羽をふくらませながら飛ぶ。

ふえた？オオタカ、へったサシバ

近年、都心の公園などで、オオタカの目撃が多い。理由はわかっていないが、オオタカのえものの多くはハトなので、都心でも食べ物にこまらないからなのだろう。数がふえているかもしれない。いっぽう、サシバはへっている。サシバのくらせる田んぼと林があるような里山が、へっているからのようだ。サシバこそ「里山のタカ」といえるのかもしれない。

オオタカとサシバは近い場所で巣をつくることもあり、サシバのひながオオタカにとられることがある。

夏 → 秋 → 冬

山や林

6月ごろ（5月下旬～6月上旬）、卵がふ化する。7月（6月下旬～7月上旬）、ひなは36日前後で巣立ち、しばらくは親から食べ物をもらいながら、えもののとりかたなどを学ぶ。

巣立ったばかりのひなは、胸にたてのはん点がある。

9月

9月になると、北にすむサシバから、各地で小さな群れをつくって、南下をはじめる。

年によって数はちがうが、数万羽のサシバが海を渡る。タカ類の渡りで有名な場所がいくつかあるので、しらべて、観察にいってみよう。

10月、各地の群れは、いくつかの集合場所を経由しながら南下し、だんだん大きな群れになって、本格的な渡りがはじまる。鹿児島県の佐多岬では、全国各地のサシバが大集合して、海を渡り、琉球列島から台湾を経由して、マレーシアやインドネシアまで渡っていく。

サシバは、上昇気流にのって空高く舞いあがり、滑空をして、遠くまで飛ぶ。これをくりかえして渡っていく。1日平均で約480キロも飛ぶといわれている。

サシバの分布図

「サシバの保護の進め方」（環境省）より

越冬地では、低地の畑から、標高2000メートルぐらいの山地まで、さまざまな環境ですごす。2月になると、日本に向けて渡りがはじまるが、秋のような大きな群れはつくらない。

フクロウ

山や林

日本全国の平地から山の林で、一年じゅうみられる。おもに夜行性。暗くなると、ゴロスケホーホーと鳴く。北にすむフクロウは、体が白っぽい。

2〜3月ごろには、木のうろに、巣材をつかわないくぼみだけの巣をつくる。古いタカの巣をつかうこともある。

3〜4月
2〜4個の卵を産む。メスだけで約30日間抱卵して、4〜5月には、ひながふ化する。

ひなが小さいときは、オスが食べ物を運び、メスがちぎって、ひなにあたえる。ひなが大きくなってくると、メスも食べ物をとりにでかけるようになる。

うろのある古くて大きな木がある神社には、フクロウの巣があることが多い。

オスは、卵を温めているメスのために、食べ物を運んでくる。

食べ物は、ネズミやモグラなどの小動物、小鳥など。

春

アオバズク

山や林

日本全国で春から秋にみられる、渡りをするフクロウのなかま。夏鳥。まるい頭に黄色い大きな目をもつ。ホッホッと二声ずつ鳴く。おもに虫を食べる。夜行性。

5月 東南アジアから日本に渡ってくる。青葉が茂るころにやってくるので、アオバズクという名がついた。こんもりした小さな森があれば、街なかでもみられる。

巣につかえるようなうろのある木は少なく、フクロウのなかまは、いつも「住宅難」だ。フクロウのひなが巣立ったあとのうろをアオバズクがつかうこともある。アオバズクが日本にやってくるのは、うまいぐあいに、フクロウのひなが巣立つころだ。

おもに、ガ、セミ、カブトムシなどの昆虫類を食べ、ときどき、小鳥やコウモリなども食べる。

 アオバズクの食べたあとは、ガや甲虫の体が、ばらばらになって落ちているのがみられる。

飛んでいる虫を空中でとらえる。

渡来すると、すぐに求愛し、木のうろに巣をつくる。早いものでは4月中旬に、おそくても5月上旬に、3〜5個の卵を産む。

オスがメスに食べ物の昆虫をプレゼントする。

> フクロウのすがたをみるのはむずかしいが、繁殖期の夜に、ゴロスケホーホーとよく鳴くので、声をたよりにさがしてみよう。

8月
飛べるようになったひなは、まだ親から食べ物をもらっているが、狩りをする親についていき、えもののとりかたをみて学ぶ。

9〜10月
親とおなじぐらいの大きさになったひなたちは、親からギャーギャーという大きな声でおどされ、親のなわばりから追い出される。子別れだ。

1〜2月
夜になると、オスとメスがさかんに鳴きかわす求愛行動がみられるようになる。

ひなは5〜6月には巣立つ。まだ飛べないので、歩いて移動し、巣からだんだん遠くの森へと入っていく。

子育て中の親は、昼間でも狩りをして、ひなに食べ物をあたえることがある。

秋には、たくさんのネズミを食べて体に脂肪をたくわえ、冬にそなえる。1日に10ぴき以上も食べる。

昼間に、フクロウのまわりで、小鳥たちがさわぎたてたり、攻撃をするように飛びまわったりして、いやがらせをすることがある。この行動は「モビング」とよばれ、一年を通してみられる。

 夏 **秋** **冬**

6月
卵はメスが約25日間、温める。そのあいだ、オスは近くの木の上で見張りをして、敵がくると追いはらう。

7月
ひながかえってから巣立つまでは、約28日かかる。そのあいだ、オスとメスは協力して食べ物を運ぶ。

8月
巣立ちしたひなは、少しずつ巣からはなれ、林にうつり、しばらくは親から食べ物をもらってすごす。

9月
各地で渡りがはじまり、しだいにいなくなる。

南下して海を渡り、暖かく、食べ物になる昆虫が多くいる、東南アジアで越冬をする。

フクロウのペリットって、なに？

鳥は食べ物を食べて、消化できないものをはき出す習性があり、はき出されたかたまりを「ペリット」という。

ペリットをばらしてみると、その鳥がなにを食べているのかが、よくわかる。フクロウのペリットには、ネズミやモグラの骨や毛などが多く、アオバズクのペリットには、甲虫のかたい前ばねや、あしなどがよく入っている。

ペリットをはく鳥には、ワシ・タカのなかま、カワセミ、サギ、カモメのなかま、モズ、カラス、ジョウビタキ、ツバメ、シギなどが知られている。

 フクロウのペリット
 ネズミのあごの骨
モグラのあごの骨

山や林

オス 夏羽

夏、岩場などで、なわばりを見張るオスのすがたがみられる。

日本のライチョウ分布図
「日本の動物分布図集」（環境省）より

寒い場所でくらせるように、あしにも羽毛が生えている。

ライチョウの色が季節でかわるわけ

ライチョウのくらす高山帯には、背の高い木や植物が生えていないので、身をかくすところが少ない。そこで、雪の多い季節には、尾羽以外の全身を白く、そして夏場には、体の上半分を地面や岩にとけこむような茶色にかえる。みつかりにくくすることで、天敵のイヌワシやオコジョなどから身をまもり、生きぬいてきた。

とくに子育てする夏のメスは、黄褐色と黒白のこまかい横じまもようになり、地面にとけこんで、めだたないようになっている。

吹雪のときは、雪穴に身をかくし、頭だけを出す。少ない晴れ間に、数少なくのこる植物などの食べ物をさがして冬をしのぎ、春になるまで、もちこたえる。

ライチョウ

日本では、本州中部の標高3000メートル前後の高山帯でくらす。数がとても少なく、絶滅が心配されている。国指定の特別天然記念物。夏は体の上半分が茶色、冬は尾羽以外の全身がまっ白になる。オスは、目の上に赤いとさか（肉冠）があり、繁殖期にはめだつようになる。雑食で、植物の芽や葉、花、種子のほか、コケ、昆虫を食べる。オスは、ゴアー、ゴアー、メスは、クックッ クッと鳴く。

春 夏 秋 冬

4月
冬は集団でくらしているが、雪どけがはじまる4〜5月ごろ、オスどうしのなわばりを決める争いがはじまり、群れがなくなる。

争いに勝ったオスが、なわばりに入ってきたメスに尾羽をひろげてプロポーズ。つがいができる。

オスの目の上の赤いとさかがめだつようになる。

6〜7月
このころ、オスもメスも、茶色い夏羽になる。

メスは、ハイマツのかげに枯れ草を集めて巣をつくる。卵を温めるのも、ひなを育てるのも、メスの仕事だ。卵は5〜6個産み、約22日でかえる。

オスの仕事は、なわばりのパトロール。繁殖をしないオスは、オスだけの群れをつくる。

8月
ひなが誕生する。すぐに歩くことができ、食べ物も自分でさがして食べることができる。

パトロールをするオス

11月
オス、メス、若鳥が集団でくらすようになる。

10月になると、茶色い夏羽から白い冬羽にかわってくる。

メス 夏羽

メスは秋まで、ひなといっしょにくらし、オスはなわばりを捨てて、1羽でくらす。

カワセミ

日本全国の平地から山地の川、沼、湖、海岸などでくらす。一年じゅうみられるが、秋には、北方のものは南に、山地のものは平地に移動する。頭、肩から背中、尾は、緑や青に光り、腹はオレンジ色で美しい。ツィーと鳴き、一直線に飛ぶ。おもに小魚、エビ、カエル、水生昆虫などを食べる。一時へっていたが、全国の川の水質がよくなってきたためか、数がふえてきた。

カワセミは、木の枝やくいなどにとまるか、ホバリングをしながら水中の魚をさがし、みつけると、ねらいをさだめて急降下をして、水に頭から飛びこみ、魚をつかまえる。

くちばしが長く、あしは短い。

春

2月
オスがメスに魚をプレゼントして、プロポーズ。くちばしの下が赤いのがメス。

2〜3月、つがいでなわばりをもつ。

繁殖期は、3月上旬〜8月ごろ。

夏

巣は、土の崖などに穴をほってつくる。オスとメスが協力して、体当たりをして、くちばしでほっていく。

巣穴は、長さが50〜100センチぐらいのトンネルになっていて、そのいちばんおくに巣をつくる。

卵は4〜7個産み、抱卵は20日間ぐらい、オスとメスが交代でおこなう。

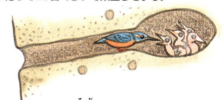

ひなの食べ物も、オスとメスが協力して運ぶ。ふ化して23日ぐらいで巣立ちをする。

巣立ちしたひなは、しばらくは親から食べ物をもらいながら、魚のとりかたを学ぶ。

秋

10月

繁殖期が終わると、なわばりをもって1羽ですごす。

ひながひとり立ちすると、2回目の繁殖をする。

冬

求愛給餌
鳥などが求愛のときに、オスがメスに食べ物をプレゼントすることを「求愛給餌」という。メスは、持ってくる食べ物の大きさから、オスの狩りの能力をはかっていて、食べ物が小さいと受けとらず、求愛に応じない。メスが食べると、めでたくつがいが成立する。

結婚が決まってからも、求愛給餌はつづく。食べ物をもらうメスは、羽をこきざみにふるわせ、甘えた声で鳴いて、オスにねだる。それは、夫婦のきずなを強くし、卵を産むメスが栄養をつけるためと考えられている。

多くの鳥で、この行動がみられるが、とくにカワセミ、モズ、コアジサシ、シジュウカラ、カラスのなかまなどが知られている。

川や沼、湖　海

川や沼、湖　海

繁殖期、一時的に、目とくちばしのあいだと、あしの指がピンク色になる。

🔍 繁殖期のコサギは、頭にかざり羽、腰にみの毛といわれるレースのような美しい羽が生えている。

春になると、つがいができる。

4月
繁殖期は4〜8月。ほかのサギ類といっしょに、林などでコロニーをつくる。

オスが巣材の枝を運び、メスが皿状の巣をつくる。卵は3〜5個産み、オスとメスで抱卵し、22〜24日でふ化する。

ひなの食べ物は、オスとメスが協力して運ぶ。えものをとりに水辺へいき、とれると、のみこんで巣にもどり、はき出してひなにあたえる。

コサギ

本州の各地で、ふつうにみられる。
北日本のものは、冬は暖かい地域へ移動する。
河川、湖沼、湿地、干潟、海岸などでみられる。
全身が白く、くちばしは黒、
目とくちばしのあいだと、あしの指は黄色い。
繁殖期には、林や竹やぶなどに、ほかのサギ類と集団で巣をつくり、子育てをする。
声は、ゴァー、ギャゥなど。
小魚、ザリガニ、カエルなどを食べる。

（春・夏・秋・冬）

6月
卵がかえって3週間ぐらいすると、ひなは巣のまわりの枝などに移動して、親に食べ物をもらうようになる。

7月
ふ化してから1か月ぐらいすると、飛べるようになり、巣立ちをする。おとなといっしょに水辺で食べ物をとるようになり、ひとり立ちをする。

サギのコロニー「サギ山」

サギのなかまは、林などに大きなコロニーをつくって子育てをするが、そこを「サギ山」とよぶ。むかしは数千羽のサギ山もあったが、いまでは大規模なものはみられなくなった。
いるのは、だいたい5種類のサギたちだ。

- **コサギ** 全長61センチ　留鳥・漂鳥
全身が白い。食べ物は、魚、カエルなど。
- **チュウサギ** 全長68センチ　夏鳥
全身が白い。少し乾燥した場所を好む。食べ物は、カエル、バッタなどが多い。
- **ダイサギ** 全長90センチ　夏鳥
全身が白い。食べ物は、魚、カエルなど。
- **アマサギ** 全長50センチ　夏鳥
全身が白いが、頭と首、背にオレンジ色の部分がある。少し乾燥したところを好む。食べ物は、カエル、バッタなどが多い。
- **ゴイサギ** 全長57センチ　留鳥・漂鳥
ずんぐりとした体形で、頭と背が黒い。夜行性。食べ物は、魚、カエルなど。

昼間は水辺へいってすごす。単独行動が多いが、食べ物の多い場所では、群れになって、食べ物をとっている。

🔍 **魚のとりかた**
じっと立って魚をさがし、みつけると、首をのばしてすばやくとったり、水中で片あしをふるわせ、えものを追い出してとったりする。

9月
繁殖が終わると、コロニーを去り、何羽かで群れになって、近くの水辺の木や林にねぐらをつくって、夜は休むようになる。

おとなのコサギは、秋になると、かざり羽はぬけてなくなる。

川や沼、湖

カイツブリ

日本全国でみられ、流れのゆるやかな川、
湖や沼、湿原でくらす。
北海道、東北の一部では、越冬のために南へ渡る。
繁殖期は2〜10月と長く、
暖かい地域では12月まで繁殖している。
魚、水生昆虫、ザリガニ、貝などを、
水にもぐってとる。
キュリリリリ、ピリリなどと鳴く。

春夏は全身が黒っぽく、ほおは赤茶色。

カイツブリの食べ物は、おもに魚で、じょうずにもぐってつかまえる。

なわばりを決めたり、まもったりするために、水上で追いかけあったり、組みあったりして争う。この行動は、一年じゅうみられる。

2月

カイツブリの巣は、オスとメスが協力して水の上に植物を積みあげ、浮いた状態の「浮き巣」をつくる。

春になると、ペアでなわばりの一角に巣づくりをする。

卵は4個が多く、オスとメスが協力して温める。抱卵の期間は21〜24日。年に2回、繁殖ができる。

3〜10月

ひなが小さい時期には、親の背中にのって移動する、かわいいすがたがみられる。

11月

ひなの食べ物も、オスとメスが協力して運ぶ。

秋冬になると、体の羽の色がかわり、体の上はうすい茶色、下は白っぽくなる。

繁殖期が終わっても、一年じゅうなわばりをまもるつがいがいる。いっぽうで、冬場に群れるカイツブリもいて、なわばりをもてないもの、若鳥、渡ってきたものが群れをつくると考えられる。

ひなは黒白のしまもよう。成長するにしたがって、しまがなくなる。

泳ぐ魚をとるのはむずかしく、ひなは巣立ちしてからも親と2か月間ほどくらして、魚のとりかたをおぼえる。

もぐるのがじょうずな鳥のあしの特徴

● あしが体の後ろのほうについている

カイツブリ　カワウ

● 水かきがある
・指と指のあいだに水かきがある

カワウ

・指自体が水かきのようになっている

カイツブリ

マガモ

川や沼、湖、海

北国からやってくる冬鳥。日本全国の湖沼、川、海岸などでみられる。冬のオスの頭は、緑色に光って美しい。グエッグエッと鳴く。植物の種子や実、昆虫、魚、貝などを食べる。

メス / オス

マガモの繁殖地は広く、ユーラシア大陸、北アメリカ大陸、その北東のグリーンランドなどだ。冬に日本にやってくるものは、ロシア東部からきている。一部は、北海道や本州の高い山の湖などで繁殖している。

3〜4月
日本の水辺ですごしていたマガモが、群れをつくって北の国へ渡っていく。

冬のあいだにできたペアは、メスの出身地へ渡っていき、そこで繁殖する。

5月
繁殖地に着くと、メスは1羽で、水辺の草の中に枯れ草を集めて自分の羽毛を敷いた皿状の巣をつくる。4〜7月に、6〜12個の卵を産む。

オスは、メスが卵を温めるようになると、子育てには参加せず、オスどうしで群れになる。そのあいだ、美しい色の羽がだんだん生えかわって、敵からみつかりにくいような、メスとおなじじみな色のエクリプス羽になる。

春

カルガモ

川や沼、湖、海

水辺や田んぼ、湿地、湾など、日本全国の低地で一年じゅう、ふつうにみられる。オスとメスがほとんどおなじすがたのじみなカモ。グエッグエッと鳴く。植物の種や実、昆虫、魚、ザリガニ、貝などを食べる。

全身が茶色っぽく、黒いくちばしの先は黄色い。

オスとメスの見分けはむずかしいが、オスのほうが全体的に色が濃く、とくに尾のつけねの上（上尾筒）がメスよりも黒っぽい。

4月
繁殖期は4〜7月。冬にペアの相手をみつけて、群れからはなれる。

メス / オス

水辺近くの草むらや休耕田で、メスが1羽で、地上に枯れ草を集め、皿状の巣をつくる。このとき、自分の羽毛を敷くこともある。卵は10〜12個で、メスだけで温め、26日ほどすると、ひながかえる。

オスは子育てに参加せず、オスどうしで小さな群れをつくってくらす。

6月

卵は28〜29日で、ふ化をする。ひなはすぐに自分で歩けるようになり、食べ物をさがすこともできる。ふ化して50〜60日ほどは、母ガモといっしょにくらす。

8月

ひなは飛べるようになると、母ガモからはなれ、オスとメスがいっしょに群れをつくる。

8月、ひなが巣立つと、親鳥のつばさの羽はいちどにぬけてしまい、飛べなくなる。羽が生えそろうまでの1か月ぐらいは、草むらなどに、かくれてすごす。

9月

群れになって、越冬地の日本に、9月中旬ごろにやってくる。

オスは、日本に着くと、だんだん美しい色の羽に生えかわる。

12月中旬

冬、美しい色の羽に生えかわったオスは、首をのばしたり、尾をあげたり、水上でダンスをし、メスにプロポーズをして、翌年の繁殖の相手をみつける。

夏 → 秋 → 冬

5月

ひなはふ化すると、すぐに歩くことができ、母ガモにみちびかれて水辺へ向かい、水辺で育つ。

ひなは自分で食べ物をさがすことができるが、母ガモは天敵に気をくばったり、ひなの体を温めたりなど、世話をする。

8月

ひなは飛べるようになると、母ガモから離れ、オスとメスがいっしょになって群れをつくる。

8月ごろ、ひながひとり立ちすると、親鳥のつばさの羽はいちどにぬけて飛べなくなる。羽が生えそろうまでの1か月ぐらいは、草むらなどに、かくれてすごす。

つばさの羽が生えはじめたころの親鳥

北海道や東北にすむカルガモには、秋、越冬のために、南へ移動するものがいる。

10月

秋になると、メスに向けたオスのディスプレイがはじまる。

オナガガモ　マガモ　カルガモ　ヒドリガモ

越冬のためにやってきた、ほかの種類のカモたちと、おなじ水辺にいるところがよくみられる。

カモのオスが美しいのはなぜ？

カモには多くの種類がいるが、メスはだいたいおなじようなすがたをしている。しかし、オスは種類によって、色や羽のもようがまったくちがっている。

それは、越冬地でいろいろなカモといっしょになったとき、種類をまちがえずに、メスに選んでもらうためといわれる。ところが、メスがまちがえてしまうのか、ちがうカモどうしの混血ガモもよくみつかる。

いっぽう、カルガモのオスとメスがおなじ色をしているのは、渡りをしないために、メスが種類をまちがえることがないからだといわれている。

川や沼、湖　海

つばさをひろげると2メートルもあり、水鳥で最大だ。

秋、日本に渡ってきて、湖や沼、水田などで越冬する。

3月

3月下旬になると、日本各地で冬をすごしていたものが北海道に集まって、4月下旬には、シベリアの繁殖地へ旅立つ。

ハクチョウの群れが飛ぶときには、V字形に編隊を組む。

2週間ほどかけて、シベリアのタイガ地帯やツンドラ地帯*の湖や沼のある地域にもどってくる。

*タイガ地帯……冷帯（亜寒帯）にある針葉樹が生える森林地域。
ツンドラ地帯……寒帯にある湿地状の草原地域のこと。地下に永久凍土がある。

5～6月

草の葉や木の枝を積みあげて皿型のくぼみをつくり、綿毛を敷いて巣をつくる。卵は4～7個で、抱卵期間は36～40日。おもにメスが卵を温める。

オオハクチョウ

春　夏　秋　冬

ユーラシア大陸北部のシベリアで繁殖し、秋には大陸の南部や日本に渡ってきて、越冬する。日本では10～翌年4月、北海道から九州までの各地に、冬鳥として渡来する。全身が白く、くちばしのつけねが黄色い。大きな声で、コォーコォーと鳴く。水生植物や、植物の種子などを食べる。

ひなは、ふ化してすぐに歩くことができ、親についていき、自分で食べ物をさがす。

6～7月

ひなの色はうすいグレー。2か月ほどで飛べるようになる。

10月

ひなが巣立つと、家族で群れをつくり、越冬地へ旅立つ。10月後半には、北海道に到着する。

11月

日本各地にやってきて、春まですごす。

水上で羽をばたつかせ、コォーコォーと鳴くすがたは、家族のあいさつだ。

家族のきずなは強く、ひなは巣立ちをしてからも、つぎの繁殖期がはじまるまで家族とともにすごす。

オオハクチョウとコハクチョウのちがい

●体の大きさ

オオハクチョウ　全長140-165センチ
コハクチョウ　全長115-150センチ

●くちばしの黄色い部分で見分ける

オオハクチョウ　コハクチョウ

オオハクチョウは黄色い部分が大きく、鼻の穴の先まで黄色い。
コハクチョウは、穴で黄色が止まる。

●繁殖地のちがい

コハクチョウの繁殖地は、オオハクチョウよりももっと北の、北極海に近いツンドラ地帯だ。

川や沼、湖

全体的に枯れ草のような色で、まっすぐで長いくちばしをもつ。

オスとメスの区別は、みた目からはわからない。

タシギの分布図
『日本の野鳥650』（平凡社）より

タシギは世界じゅうに生息している。

くちばしをどろにさしこんで、上下させ、食べ物をさがす。

水田、休耕田、川岸の内陸の湿地でくらしている。

おどろいたり、威嚇をしたりするときに、尾羽をひろげるポーズをとる。

6〜7月は、北の繁殖地にいるので、日本では、みることができない。

4月

春

春の4〜5月は、日本で越冬しているものと、南から北へ渡るとちゅうのものと、両方のタシギがいて、数がふえる。5月末までには、すべてが繁殖地へ向かう。

タシギ

冬鳥または旅鳥。ユーラシア大陸の北半分と、北アメリカ大陸の北半分など、広い範囲で繁殖し、ユーラシア大陸南部やアフリカ大陸北部、東南アジアなどで越冬する。シベリア東部で繁殖したものが、日本で越冬したり、日本を渡りの中継地点にしたりしている。水田、ハス田、湿地でみられる。ミミズや昆虫、小さなカタツムリ、植物の種子などを食べる。

冬

秋

6〜8月、極地の湿地、草原、ツンドラ地帯で繁殖をする。

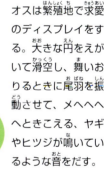

オスは繁殖地で求愛のディスプレイをする。大きな円をえがいて滑空し、舞いおりるときに尾羽を振動させて、メヘヘヘヘときこえる、ヤギやヒツジが鳴いているような音をだす。

夏

ペアになったメスは、湿地の中のもりあがった地面の草原に、枯れ草を集めて巣をつくり、4個の卵を産む。卵はおもにメスが温め、19〜21日でふ化する。

敵が近づくと、ジェーと鳴いて飛びあがり、ジグザグに飛んで遠くへおりる。

越冬中は、1羽でいることもあるが、小さな群れでいることも多い。食べては休んでをくりかえし、体力をつけて春の渡りにそなえる。

雪が積もると、食べ物をさがしにくくなるので、地面や水面が出ているところに、しぜんと集まる。

8月

8月ごろから、日本にやってくる。日本では、本州以南で越冬する。もっと南下して、東南アジアまでいくものもいる。

7月上旬、ひながひとり立ちをする。

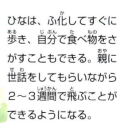

ひなは、ふ化してすぐに歩き、自分で食べ物をさがすこともできる。親に世話をしてもらいながら2〜3週間で飛ぶことができるようになる。

39

川や沼、湖、海

夏羽

目のまわりの黄色い輪がめだつ。

河原や埋め立て地などで、ピォピォピォ、ビュービューと鳴きながら飛ぶすがたがみられる。

3月

3月ごろから、繁殖のために日本にやってくる。

尾羽をひろげたオスのディスプレイ。プロポーズのときや、巣づくりのとき、交尾のときなどにみられる。

巣は小石をならべただけで、小石に似た色の卵を4個産む。

川の中流から下流の岸辺や海岸の砂丘、埋め立て地などに巣をつくる。

オスとメスが交代で卵を温める。24〜26日で、ひながかえる。

繁殖期は4〜7月。

コチドリ

日本には、おもに夏鳥としてやってくる。全国で繁殖し、西南日本では越冬するものもいる。河原、川の中州、海岸の砂丘、埋め立て地、郊外の造成地、畑などで繁殖する。ちょこちょこと小走りに歩き、止まっては頭を下げて食べ物をとる、という行動をくりかえす。昆虫、小型のカニ、ゴカイなどを食べる。

春 / 夏 / 秋 / 冬

ひなは小石のような色をしている。危険を感じると、じっと動かないでいて、地面と見分けがつかない。

ひなは、ふ化してすぐに歩くことができ、自分で食べ物をさがす。

親鳥は、ひなが小さいときは、食べ物のある場所をくちばしで指して教える。また、暑さや寒さ、雨をしのぐために、自分の羽毛の中にひなを入れてまもる。ひなは、3週間たつころには飛べるようになり、ひとり立ちをする。

親鳥は、敵がくると、けがをしたふりをして自分に注意をひきつけ、ひなや卵をまもる。この行動を「擬傷」という。

飛べるぐらいに成長した幼鳥

鳥たちの名演技「擬傷」

卵やひなを敵にねらわれたとき、親鳥は、つばさをだらりと下げたり、バタバタと羽ばたいたり、自分が傷ついて飛べないふりをして、敵の目を自分に向けさせる。そして、卵やひなと反対方向に敵をおびきよせて、じゅうぶん移動させると、パッと飛んで逃げる。自分の命をかけた名演技は、コチドリをふくめ、地上に巣をつくる、以下の鳥たちにみられる。

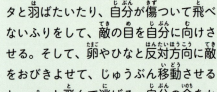

- ケリ
- ムナグロ
- チドリのなかま（コチドリ、イカルチドリ、シロチドリ）
- イソシギ
- キジ
- ヒバリ
- ホオジロ
- カルガモ　など

さも飛べないような動きで、擬傷をしているような鳥に出会ったら、それは、まもりたいもののため、必死に演技をしているところだ。そっと、その場を立ちさってあげよう。

11月

秋になると、数羽〜十数羽の群れになって、だんだん南に渡りはじめ、11月になると、姿がみられなくなる。日本で繁殖したコチドリの越冬地は東南アジアだといわれているが、よくわかっていない。

川や沼、湖　海

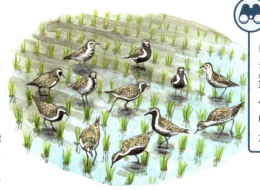

干潟や水田に群れでやってきて、走っては急に止まって食べ物をとる、という行動をくりかえす。

冬羽

夏羽

春から夏は、顔と体の下側が黒くなる。

4〜5月

4月ごろ、越冬地から日本の海や田んぼに群れでやってくる。飛んでいるときに、ピョピョー、チュチュィーというすんだ声で鳴く。

夏羽と冬羽が生えかわるとちゅうのものもよくみられる。

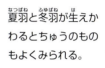

夏羽と冬羽の中間のタイプ

6〜7月は、北の繁殖地へと飛びたってしまい、日本ではみることができない。

春

ムナグロ

ユーラシア大陸と北アメリカ大陸のツンドラ地帯で繁殖し、日本へは渡りの中継地として、春と秋に立ちよる旅鳥。本州中部以南では、少数が越冬する。4〜5月、8〜10月に、水田、草原、干潟、河口などでみられ、とくに内陸部の水田に多くやってくる。昆虫、ミミズ、ゴカイ、貝類、植物の種子などを食べる。

冬　　夏

ムナグロの分布図『日本の野鳥650』（平凡社）より

ユーラシア大陸　北アメリカ大陸　ミクロネシア　メラネシア　ポリネシア

繁殖期は6〜8月。極地のツンドラ地帯で繁殖し、つがいでなわばりをもつ。

6〜8月

乾燥した山の斜面で、コケの多い場所のくぼみに枯れ草を集めて巣をつくり、4個の卵を産む。抱卵は27〜30日間、オスとメスが協力しておこない、ひながうまれる。

秋

8〜10月

日本では、草原、刈りおわった田、河口、河原などで、じゅうぶんに食べ物を食べて体力をつける。

秋に日本にくるのは、8〜10月。はじめは成鳥が渡ってきて、9月中旬ごろから幼鳥の群れが渡ってくる。

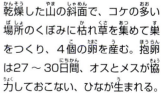

ひなはすぐに歩くことができ、自分で食べ物をさがすが、4週間ほどは、親の世話をうけて、そのあとにひとり立ちをする。

秋に日本ですごしたムナグロは、南下して、ミクロネシアやポリネシア、メラネシアで越冬するといわれている。

41

川や沼、湖　海

カワウ

中部と関東を中心に、日本全国数十か所に生息。夜は集団でねぐらをつくり、昼間は、えものがいる川や内湾、湖沼へかよう。繁殖はほぼ一年じゅうだが、地域によってちがい、関東では真夏以外、西日本では4～8月が繁殖期。食べ物はおもに魚で、水にもぐってとる。オスとメスの区別はみた目ではわからない。
声は、グルル、グルル、グワッグワッ。

カワウの羽は油分が少なく、ぬれやすい。つばさを広げ、かわかすすがたが、よくみられる。

朝、編隊をつくって、魚がいる水辺に向かう。目的の水辺は遠く、十数キロもはなれた場所に行くこともある。

1日に魚を500グラム、体重の3分の1～4分の1も食べる。

夕方になると、群れでねぐらにもどる。

群れでもぐって魚を追い、狩りをすることもある。

飛んでいるカワウは、つばさが体のまん中あたりにあるようにみえるのが特徴だ。

ねぐらは、水辺の林や人工物（岸壁、建物、橋）などにつくる。繁殖をしていない時期には、ねぐらを複数もち、状況によって移動する。

繁殖期になると、頭とあしのつけねに白い羽毛が生えて、めだつようになる。

幼鳥は3～4か月ぐらいすると、親といっしょに川や海へいって、もぐりかたや、えもののとりかたを学ぶ。

幼鳥

ひなは、ふ化して40～50日後に巣立ちをする。

オスが木の枝や水草などを集めてきて、メスが皿状の巣をつくる。卵は、1～6個産み、24～32日でふ化する。

ひながかえると、親は、魚がいる水辺と巣を何度も往復する。ひなは、親の口の中に頭を入れて、親がはきもどす食べ物をもらう。

繁殖期は、ほぼ一年じゅうだが、地域によってちがう。コロニーをつくって子育てをする。

カワウは、水辺の木の上のほか、人工物、地面の上にもコロニーをつくり、ほとんどは、繁殖期以外でも、ねぐらとして利用する。

ウミウとカワウ

よく似た鳥だが、名前のとおり、生息している場所がちがう。ウミウは海にくらし、カワウは川や湖、内湾でくらしている。

ウミウは体長84センチほどで、背が緑色の光沢がある黒、カワウは体長82センチほどで、背が茶色で、黒いふちどりの羽が生えている。

全国各地でおこなわれている伝統の漁法である「鵜飼い」のウは、川で漁をするが、じつはカワウではなく、ウミウをつかっている。ウミウは、カワウよりも、体が大きくて力が強く、性格もおとなしくて、あつかいやすいからだ。

ウミウ

川や沼、湖　海

冬羽

夏羽は、頭の黒い部分が大きくなり、くちばしは黄色になる。

夏羽

4月ごろから、繁殖のために日本にやってくる。川、海、湖沼などで、魚をとって食べる。

4月

ホバリングをして魚をみつけ、水に頭からつっこんで魚をとる。

大きな川の中州や海岸の砂地などで、コロニーをつくる。コロニーの規模は、巣が数個から数千個まで、いろいろ。

繁殖期は5〜8月上旬。

産卵の前には、オスがメスに魚をプレゼントする。

5月

巣は、腹を使って地面に浅いくぼみをつくり、小石を敷く。卵は2〜3個産み、オスとメスが交代で温めて、19〜22日でふ化する。

コアジサシ

ユーラシア大陸からオーストラリア周辺にかけて広く分布。日本では、本州以南で繁殖する夏鳥。川の中州や海岸の砂地、埋め立て地などに、コロニーをつくって繁殖する。最近では、建物の屋上にも巣をつくることがある。キイッキイッキイッと、するどい声で鳴く。おもに小魚を食べる。日本にくるものは、フィリピンからパプアニューギニア、オーストラリア周辺などで冬を越していると考えられている。

春　夏　秋　冬

コアジサシの分布図

『日本の野鳥650』（平凡社）の分布図をもとに『リトルターン・プロジェクト10年のあゆみ』（リトルターン・プロジェクト）のデータを加えて作成

コアジサシを救え！

コアジサシのコロニーは、浜辺などにつくられる。しかし、人がレジャーで入ったり、建物ができたりと、繁殖できる場所が少なくなり、コアジサシの生息数は世界的にへっている。

2001年、東京都下水道局の森ヶ崎水再生センターの屋上で、コアジサシの巣がみつかった。安心して繁殖ができる場所にしようと、ボランティアの人たちが「NPO法人リトルターン・プロジェクト」を立ちあげ、東京都・大田区と協力して砂利や貝殻を敷き、雑草をぬくなどして環境をととのえている。その結果、毎年数百〜数千羽のコアジサシが巣をつくり、たくさんのひなが巣立っている。

越冬地の海辺では、群れで行動している。

8〜9月ごろには繁殖が終わり、干潟などに集まって大群になるのがみられる。その後、越冬地へと渡っていく。

8月

飛べるぐらいに成長したひな（幼鳥）

ふ化して1週間ぐらいは、片親がひなによりそい、暑さや寒さ、天敵からまもる。

子育ては、オスとメスが協力しておこない、えものをとる水辺と巣を往復する。

少し大きくなったひなは巣から出て、移動する。物かげにかくれるなどして親を待ち、親がもどってくると、鳴いて居場所を知らせ、食べ物をねだる。

ふ化して3週間ぐらいで飛べるようになるが、しばらくは親から食べ物をもらい、魚をとる方法を学んでから、ひとり立ちをする。

川や沼、湖　海

冬羽
夏羽

冬の顔は白く、春から夏は黒い顔になる。

冬は、港、河口、広い川、沼などに群れをつくってすむ。夜は、湖上や海上でねむる。

3月ごろから、繁殖地のサハリン、カムチャツカ半島への渡りがはじまり、5月ごろには日本からいなくなる。

3月

6～8月が繁殖期。湖や沼、川などの湿地に集まって、コロニーをつくって子育てをする。

ユリカモメ

日本では、冬鳥として、ふつうにみられる。
夏羽は顔が黒くなり、冬羽は顔が白くなる。
繁殖地はユーラシア大陸の中部で、
冬には日本のほか、アフリカやインド、
中国東部などに渡ってくる。
雑食で、魚やカニ、昆虫、海草などのほか、
市街地などの残飯も食べる。
鳴き声は、ギャー、キャーなど。

春　夏　秋　冬

ユリカモメの分布図　『日本の野鳥650』（平凡社）より

カムチャツカ半島
ユーラシア大陸
サハリン
中国
インド
アフリカ

ユリカモメは海鳥のイメージだが、海岸にすむのは冬のあいだだけで、繁殖は内陸の水辺近くでおこなう。

6月

地面に枯れ草を敷き、まん中をくぼませた、かんたんな巣に、1～4個の卵を産む。オスとメスが交代で、22～24日間、抱卵する。

7月

食べ物は、親がのみこんだものをはいてあたえる。ひなはふ化してから5～6週で飛べるようになる。

飛べるくらいに成長したひな（幼鳥）

8月、少しずつ渡りがはじまる。まず、親たちが先にコロニーを去り、のこされた若鳥もグループをつくって、コロニーを去っていく。

河口から60キロほど上流までやってきて、大きな湖にねぐらをつくることもある。

11月

尾羽の先が黒いユリカモメは、その年に生まれた若鳥だ。

9～10月

9月ごろになると、早いユリカモメは日本に到着するが、本格的にくるのは10月下旬になる。

秋や春は、群れの中に夏羽と冬羽の両方がいて、白い顔、黒い顔、白黒のまざった顔をみることができる。

ハマシギ

ユーラシア大陸と北アメリカ大陸の寒帯の地域で繁殖し、日本全国に、旅鳥または冬鳥として渡ってくる。春は4月中旬〜5月、秋は10月中旬〜11月によくみられる。日本にくるハマシギは、シベリア東部やアラスカ北部で繁殖したものと考えられ、一部は日本で越冬し、一部はさらに東南アジアなどに向かう。ゴカイや、カニなどの小型の甲殻類を食べる。声はピリー、ジュールなど。

冬羽 / **夏羽**

冬は顔が白く、体は灰色。春から夏は全体に灰褐色で、おなかは黒くなる。

ハマシギは、くちばしがやや下に曲がっている。

ハマシギの分布図
『日本の野鳥650』（平凡社）より

アラスカ（アメリカ）／シベリア（ロシア）／ユーラシア大陸／北アメリカ大陸

ハマシギは数も多く、北半球に生息する一般的なシギだが、渡りにはなぞが多い。

春

4月
全国の海岸や干潟、川岸などで、せわしく歩きまわって、食べ物をさがすすがたがみられる。

大きな群れになって、繁殖地まで渡っていく。

4〜5月、群れは数百羽から数千羽になって大きくなる。これは、越冬のために東南アジアまで南下して分散していた群れが、北の繁殖地に向かうため、日本に立ちよって集合するからと考えられている。

夏

6〜7月に、シベリア東部で繁殖。

6月
地面のくぼみに枯れ草を集めて巣をつくり、卵はふつう4個産む。オスとメスが交代で抱卵し、22日ほどでふ化する。

ひなの世話は、オスとメスが協力しておこなう。ひなは3週間ほどで飛べるようになる。

8月
早いものは、8月ごろになると、日本の海岸や海に近い水田などにやってくる。

繁殖が終わると、越冬地に向け、群れで南へと旅立つ。おなかの黒い羽毛は白くなり、冬羽になっている。

夏羽と冬羽の中間のタイプ

秋

10月

南に向かう群れ。一部、日本各地にのこって越冬するものもいる。

10月中旬〜12月はじめに数がふえて、とても大きな群れになる。群れがかたまりでいっせいに向きを変えるすがたは、みごとの一言。群れをみかけたら注目してみよう。

鳥の観察のコツと注意すること

この本のページをめくっていくうちに、外に出て、鳥たちをみたくなったでしょう。
ぜひ、外にでかけて、野鳥の観察をしてみてください。

観察のコツ

●めだつ色の服装はやめよう
鳥は目がいいので、警戒されてしまいます。

●耳と目を最大限につかって
鳥は、鳴き声でみつかることがよくあります。まず、鳥が鳴いていないか、よくきいてみてください。どんな声？ すがたをみつけたら、すばやく観察。大きさは？ 色は？ もようは？ 体の形は？ そして、なにをしているかな？

●双眼鏡をつかえるようになろう
鳥ははなれたところにいるので、よくみえません。でも、双眼鏡をつかうと、そのしぐさや表情までわかって、とても楽しくなります。双眼鏡の視野にうまく鳥を入れるコツは、鳥をみつけたら、頭はぜったいに動かさないで、そのまま目に双眼鏡を持ってくることです。これができるようになると、鳥が大きくみえて、ぐっと近くなります。双眼鏡は倍率が高すぎると、手ぶれしてみえません。7〜8倍が、鳥の観察には最適です。

●鳥の図鑑を持っていこう
みつけたその場で種類をしらべることができると、その鳥の特徴をつかむ訓練にもなり、おぼえるのも早くなります。

●観察会に参加しよう
野鳥の会などが、探鳥会という鳥の観察会を定期的にひらいています。くわしい人たちに教えてもらいながら鳥をみるのが、鳥の観察の上達への近道です。
インターネットや、タウン誌などでしらべて、参加してみましょう。びっくりするくらい、身近にもいろいろな鳥がいるものです。

注意すること

●生き物や地主さんにめいわくをかけないように
鳥を観察するときには、その鳥だけでなく、そこにくらしているすべての生き物の生活の場に入らせてもらうのだ、という気持ちで行動しましょう。
鳥をおどかさないように、あたりの植物も、むやみにふみつけないように。
そして、そこが畑や田んぼなどの農耕地なら、地主さんに無断で中に入らないように。

●巣をのぞいたり、みつめたりしないで
鳥にとって、子育ては、いちばんたいせつな仕事です。巣をみつけても、近くにいって、のぞかないでください。危険を感じて、親鳥が巣を放棄することがあります。子育ての期間中は、そっとしておいてあげましょう。
また、遠くからであっても、巣をみつめないでください。どこかでカラスが、あなたをみているかもしれません。カラスは、人が熱心にみるものに興味をしめすので、みつめる人の視線から、巣をみつけることもあります。

●巣立ちびなをひろわないで
道ばたに小鳥がいる。くちばしのはしが黄色いので、ひなだ。羽は生えているようだけれど、飛べないようだ。巣から落ちたのかな？ 迷子かな？
かわいそう、保護しなくちゃ、と思うかもしれませんが、ちょっと待ってください。それは、巣立ったばかりの「巣立ちびな」です。
小鳥のひなは、ふ化して2週間ほどで巣立ちますが、まだうまく飛ぶことができません。しばらくは親にめんどうをみてもらい、飛ぶ練習をして、生きていくための方法を学ぶところなのです。地面で休けいしたり、親を待っていることがよくあります。親鳥はかならずどこかでみまもっていて、もどってきます。
ですから、保護するつもりで、巣立ちびなを連れてこないでください。親鳥からすれば、それは「誘かい」になります。ネコなどが心配だったら、木の上などに移動させ、その場を立ちさりましょう。

鳥たちのくらしからみえること

あなたの身近にみられるのは、どんな鳥ですか。スズメやカラス、ハト、ムクドリ、シジュウカラなどでしょうか。では、その鳥たちは、なにをしているのでしょうか。観察して、推理してみませんか。

たとえば、こんなふうにです。

- 食べ物を食べている──なにを食べている？　虫？　木の実？
- 食べ物を運んでいる──近くに巣があって、ひながいるのかも？
- 枝を運んでいる──巣をつくって、これから卵を産むのかも？
- 2羽いっしょにいる──カップルかな？　ひな連れかな？

鳥の行動をみて、なにをしているのかを考えることで、鳥のくらしの手がかりがみえてきます。
街に、山に、そして海に、さまざまな鳥がいて、それぞれのくらしがあります。
たとえば……季節ごとに、くらしやすい場所に移動する。春に、えものの虫がたくさん出てきたら、子育てをする。秋に木の実がなったら、それを食べる。子育てをしないときには、安全にすごすために群れになる。生き物をとらえて食べる鳥は、一年じゅうなわばりをもち、群れにならずに単独でくらす……など。

そう、鳥には、いろいろな生態のものがいて、それぞれ季節のめぐみにそった生活をしている、言いかえれば、気候の条件や植物、昆虫、魚などと深くかかわって、くらしているのです。

この本を読んで、いろいろな生き物がいることの大事さに気づいて、自然について考える一歩にしてもらえたら、とてもうれしいです。

おおたぐろ まり

監修者のことば

スズメやシジュウカラの声がなんとなく生き生きと聞こえる、春3月。日本列島には、まずツバメがやってきます。少しおくれて、ヤマツツジが咲きほこる初夏。あちこちから、カッコウやホトトギスの声が聞こえはじめます。緑濃くなった夏。山の朝は、オオルリ、キビタキ、クロツグミ、コマドリたちのさえずりに満たされています。秋、曼珠沙華の季節も終わって、鳥たちが静かになったころ、夜空をキアシシギの「ピューイ」や、アオアシシギの「チョチョチョー」、ツグミの「キョッ、キョッ」という声が渡っていきます。そして冬。あちこちの池や湖には、カモたちが群れはじめ、ハクチョウたちもやってきます。南北に長い日本列島の美しい四季。この美しい季節にいろどりを添えるのは、鳥たちです。夏鳥，冬鳥、旅鳥に加え、季節ごとに山と平地の間を移動している、ウグイスやルリビタキのような漂鳥とよばれる鳥もいます。けれど、わたしたちが身近に接しているのは、どれもこれらの鳥たちの1年のごく一部にすぎません。冬に日本に来る鳥たちは、夏にはどこでどうしているのだろう。夏鳥たちは、越冬地でなにをしているのだろう。巣づくりは、また子育ては、どこでどんな風にしているのだろう。この本には、ふだん出会うことの多い身近な鳥たちについて、日本にいるときもいないときもふくめ、その1年の生活が生き生きと描かれています。この本を通じて、読者のみなさんの鳥への興味がよりいっそう深まれば、それは監修者の大きなよろこびです。

上田恵介

この本に出てくる鳥

39種類の鳥を、種名の五十音順にならべました。出てくるページのほか、科名／大きさ／留鳥・漂鳥・夏鳥・冬鳥・旅鳥の区別をのせています。

アオバズク ･･･ 30〜31
フクロウ科／29cm／夏鳥

アカゲラ ･･･ 27
キツツキ科／24cm／留鳥・漂鳥

ウグイス ･･･ 8
ウグイス科／14〜16cm／留鳥・漂鳥

エナガ ･･･ 10〜11
エナガ科／14cm／留鳥

オオタカ ･･･ 28〜29
タカ科／オス50cm・メス58.5cm／留鳥・漂鳥

オオハクチョウ ･･･ 38
カモ科／140cm／冬鳥

オオヨシキリ ･･･ 22〜23
ヨシキリ科／18cm／夏鳥

カイツブリ ･･･ 35
カイツブリ科／26cm／留鳥・漂鳥

カッコウ ･･･ 22〜23
カッコウ科／35cm／夏鳥

カルガモ ･･･ 36〜37
カモ科／61cm／留鳥・漂鳥

カワウ ･･･ 42
ウ科／82cm／留鳥・漂鳥

カワセミ ･･･ 33
カワセミ科／17cm／留鳥・漂鳥

キジ ･･･ 24
キジ科／オス81cm・メス58cm／留鳥

キジバト ･･･ 16〜17
ハト科／33cm／留鳥・漂鳥

キビタキ ･･･ 26
ヒタキ科／13.5cm／夏鳥

コアジサシ ･･･ 43
カモメ科／22〜28cm／夏鳥

コサギ ･･･ 34
サギ科／61cm／留鳥・漂鳥

コチドリ ･･･ 40
チドリ科／16cm／夏鳥

サシバ ･･･ 28〜29
タカ科／オス47cm・メス51cm／夏鳥

シジュウカラ ･･･ 10〜11
シジュウカラ科／15m／留鳥

ジョウビタキ ･･･ 14
ヒタキ科／14cm／冬鳥

スズメ ･･･ 5
スズメ科／14〜15cm／留鳥

タシギ ･･･ 39
シギ科／27cm／冬鳥・旅鳥

ツグミ ･･･ 15
ヒタキ科／24cm／冬鳥

ツバメ ･･･ 13
ツバメ科／17cm／夏鳥

ドバト ･･･ 16〜17
ハト科／33cm／留鳥

ハクセキレイ ･･･ 12
セキレイ科／21cm／留鳥・漂鳥

ハシブトガラス ･･･ 18
カラス科／57cm／留鳥

ハマシギ ･･･ 45
シギ科／21cm／冬鳥・旅鳥

ヒヨドリ ･･･ 6
ヒヨドリ科／27〜28.5cm／留鳥・漂鳥

フクロウ ･･･ 30〜31
フクロウ科／50cm／留鳥

ホオジロ ･･･ 21
ホオジロ科／16.5cm／留鳥・漂鳥

マガモ ･･･ 36〜37
カモ科／59cm／冬鳥

ムクドリ ･･･ 7
ムクドリ科／24cm／留鳥・漂鳥

ムナグロ ･･･ 41
チドリ科／24cm／旅鳥・冬鳥

メジロ ･･･ 9
メジロ科／12cm／留鳥・漂鳥

モズ ･･･ 18
モズ科／20cm／留鳥・漂鳥

ユリカモメ ･･･ 44
カモメ科／40cm／冬鳥

ライチョウ ･･･ 32
キジ科／37cm／留鳥

←鳥の大きさ→

※鳥の大きさは『日本の野鳥650』(平凡社)による

絵・文 ● おおたぐろ まり（大田黒 摩利）

1962年、神奈川県生まれ。1992年、美学校細密画教場で学ぶ。その後、1993年より図鑑、事典、雑誌、パンフレットなどのネイチャー系イラストの制作にたずさわる。ライフワークとして、身近な里山で出会った生きものたちを描いている。絵本に『この羽 だれの羽？』（偕成社）、『つばきレストラン』『やまざくらと えなが』（ともに ちいさなかがくのとも、福音館書店）、共著の絵本に『川から地球が見えてくる』『こうのとりのノータ』（ともに どうぶつ社）、『ベランダにきたつばめ』（ちいさなかがくのとも、福音館書店）などがある。日本野鳥の会茨城県会員、宍塚の自然と歴史の会会員、日本ワイルドライフアート協会会員。茨城県つくば市在住。

監修 ● 上田 恵介（うえだ けいすけ）

1950年、大阪府生まれ。立教大学名誉教授。大阪府立大学農学部で昆虫学を学んだ後、京都大学農学部昆虫学研究室を経て、大阪市立大学理学部博士課程修了。三重大学教育学部非常勤講師を経て、立教大学理学部生命理学科教授を務め、2016年に退官後、現職。専門は、鳥の行動生態学、動物行動学、進化生物学。理学博士。ＤＮＡ解析を積極的に取り入れ、系統地理学や進化心理学（社会生物学）をふくめた広い意味での進化生態学研究をおこなっている。著書に『花・鳥・虫のしがらみ進化論』（1995・築地書館）、『♂♀（オス・メス）のはなし』（1993・技報堂出版）、『鳥はなぜ集まる？』（1990・東京化学同人）『一夫一妻の神話』（1987・蒼樹書房）、編著書に『擬態—だましあいの進化論—Ⅰ、Ⅱ』『種子散布—助け合いの進化論—Ⅰ、Ⅱ』（ともに1990・築地書館）などがある。

参考文献

【書籍・冊子】
日本産鳥類図鑑　高野伸二／監修　東海大学出版会
日本の野鳥650　真木広造／写真　大西敏一・五百澤日丸／解説　平凡社
フィールドガイド日本の野鳥　高野伸二／著　日本野鳥の会
日本の野鳥（山と渓谷ハンディ図鑑）　写真・解説／叶内拓哉　山と渓谷社
野鳥の図鑑　藪内正幸さく　福音館書店
日本鳥類大図鑑Ⅰ・Ⅱ・Ⅲ　増補新訂版　清棲幸保／著　講談社
川の生物図典　財団法人 川口リバーフロント整備センター／編
鳥の生態図鑑　山岸哲／監修　学習研究社
北シベリア鳥図鑑　A.V. クレチマル／著　千村裕子／監修　文一総合出版
一夫多妻の鳥 ウグイス（BIRDERスペシャル）　濱尾章二／著　文一総合出版
わたり鳥のひみつ（科学のアルバム）　行田哲夫／著　あかね書房
カラスのくらし（科学のアルバム）　菅原光二／著　あかね書房
モズのくらし（科学のアルバム）　菅原光二／著　あかね書房
フクロウ（科学のアルバム）　福田俊司／著　あかね書房
ツバメのくらし（科学のアルバム）　菅原光二／著　あかね書房
キツツキの森（科学のアルバム）　右高英臣／著　あかね書房
ライチョウの四季（科学のアルバム）　右高英臣／著　岩崎書店
ムクドリ（カラー版自然と科学）　丸武志／著　菅原光二／写真　岩崎書店
ツバメ観察事典（自然の観察事典）　小田英智／構成　本若博次／文・写真　偕成社
鳥の形とくらし1・2（企画展ガイド）　我孫子市 鳥の博物館
野鳥のくらし　水野仲彦／著　保育社
リトルターン・プロジェクト10年のあゆみ　リトルターン・プロジェクト

【洋書】
Identifying Birds by behavior　Domnic Couzens　Collins
Field Guide to the Birds of Britain　Reader's Digest

【PDF】
猛禽類保護の進め方（改訂版）　環境省 自然環境局
サシバの保護の進め方　環境省 自然環境局
キビタキ Ficedula narcissina の採餌行動の性差（日本鳥学会誌）
　　岡久雄二・森本元・高木憲太郎／共著　日本鳥学会
八ヶ岳周辺におけるジョウビタキの繁殖と定着化（日本鳥学会誌）
　　林正敏・山路公紀／共著　日本鳥学会
岡山県におけるジョウビタキの繁殖（日本鳥学会誌）
　　笹野聡美・山田 勝・江田伸司／共著　日本鳥学会
バードリサーチニュース生態図鑑　バードリサーチ
鳥類アトラス　環境省 自然環境局　山階鳥類研究所

協力 (敬称略)

池長 裕史
池野 進
伴 義之
巻島 克之
松村 雅行

上記の方以外にも、多くの方々に、資料提供、ご助言など、ご協力をいただきました。ありがとうございました。

● 装丁・レイアウト
小林友利香（ニシ工芸）

● 校閲
川原みゆき

● 製版ディレクション
加藤剛直（大日本印刷株式会社）

鳥のくらし図鑑
～身近な野鳥の春夏秋冬～

2016年11月　1刷
2021年 6月　2刷

著　者　おおたぐろ まり
発行者　今村正樹
発行所　偕成社
　　　　〒162-8450東京都新宿区市谷砂土原町3-5
　　　　編集 (03)3260-3229　販売 (03)3260-3221
　　　　http://www.kaiseisha.co.jp/
印　刷　大日本印刷株式会社
製　本　大村製本株式会社

©2016 Mari OTAGURO
Published by KAISEI-SHA, Ichigaya Tokyo 162-8450
Printed in Japan
ISBN978-4-03-437460-3

NDC488　48P.　24×29cm

＊乱丁本・落丁本はおとりかえいたします。

本のご注文は電話・ファックスまたはEメールでお受けしています。
Tel: 03-3260-3221　Fax: 03-3260-3222　E-mail: sales@kaiseisha.co.jp

わたしの鳥観察日記

秋(あき)

9月8日
稲刈りがはじまった。コンバインの
あとを サギたちがついてゆく。
とび出てくる虫を食べているようだ。
刈りおわった田には、ムクドリや
ハト、セキレイなどがきていた。

11月23日
近所のお宅のカキの木に、毎日
たくさん鳥がやってくる。カキが
食べられて、日に日に減ってゆく。
今日は、ヒヨドリとムクドリがけんか
をしながら食べていた。

10月15日
雑木林で、アケビがなっていた。
メジロがやってきて、実をつついていた。
そのあとに、小さなキツツキ・コゲラ
もやってきて、食べていた。
アケビは大人気だ。